"十一五"国家重点图书出版规划项目

数学文化小丛书

李大潜　主编

并不神秘的非欧几何

Bingbushenmi de Fei'oujihe

李　忠

高等教育出版社·北京
HIGHER EDUCATION PRESS　BEIJING

图书在版编目（CIP）数据

数学文化小丛书. 第 2 辑：全 10 册 / 李大潜主编. -- 北京：高等教育出版社，2013.9(2024.7重印)

ISBN 978-7-04-033520-0

Ⅰ. ①数… Ⅱ. ①李… Ⅲ. ①数学－普及读物 Ⅳ. ① O1-49

中国版本图书馆 CIP 数据核字（2013）第 226474 号

项目策划	李艳馥　李 蕊				
策划编辑	李 蕊	责任编辑	张耀明	封面设计	张 楠
责任绘图	宗小梅	版式设计	王艳红	责任校对	殷 然
责任印制	存 怡				

出版发行	高等教育出版社	咨询电话	400-810-0598
社　　址	北京市西城区德外大街4号	网　　址	http://www.hep.edu.cn
邮政编码	100120		http://www.hep.com.cn
印　　刷	保定市中画美凯印刷有限公司	网上订购	http://www.landraco.com
开　　本	787 mm×960 mm 1/32		http://www.landraco.com.cn
总 印 张	28.125		
本册印张	2.75	版　　次	2013 年 9 月第 1 版
本册字数	49 千字	印　　次	2024 年 7 月第 11 次印刷
购书热线	010-58581118	定　　价	80.00 元

本书如有缺页、倒页、脱页等质量问题，请到所购图书销售部门联系调换
版权所有　侵权必究
物 料 号　12-2437-43

数学文化小丛书编委会

顾　问：谷超豪（复旦大学）
　　　　项武义（美国加州大学伯克利分校）
　　　　姜伯驹（北京大学）
　　　　齐民友（武汉大学）
　　　　王梓坤（北京师范大学）
主　编：李大潜（复旦大学）
副主编：王培甫（河北师范大学）
　　　　周明儒（徐州师范大学）
　　　　李文林（中国科学院数学与系统科学研究院）
编辑工作室成员：赵秀恒（河北经贸大学）
　　　　　　　　王彦英（河北师范大学）
　　　　　　　　张惠英（石家庄市教育科学研究所）
　　　　　　　　杨桂华（河北经贸大学）
　　　　　　　　周春莲（复旦大学）

本书责任编委：周春莲

数学文化小丛书总序

整个数学的发展史是和人类物质文明和精神文明的发展史交融在一起的。数学不仅是一种精确的语言和工具、一门博大精深并应用广泛的科学,而且更是一种先进的文化。它在人类文明的进程中一直起着积极的推动作用,是人类文明的一个重要支柱。

要学好数学,不等于拼命做习题、背公式,而是要着重领会数学的思想方法和精神实质,了解数学在人类文明发展中所起的关键作用,自觉地接受数学文化的熏陶。只有这样,才能从根本上体现素质教育的要求,并为全民族思想文化素质的提高夯实基础。

鉴于目前充分认识到这一点的人还不多,更远未引起各方面足够的重视,很有必要在较大的范围内大力进行宣传、引导工作。本丛书正是在这样的背景下,本着弘扬和普及数学文化的宗旨而编辑出版的。

为了使包括中学生在内的广大读者都能有所收益,本丛书将着力精选那些对人类文明的发展起过重要作用、在深化人类对世界的认识或推动人类对世界的改造方面有某种里程碑意义的主题,由学有专长的学者执笔,抓住主要的线索和本质的内容,由浅入深并简明生动地向读者介绍数学文化的丰富内涵、数学文化史诗中一些重要的篇章以及古今中外一些著名数学家的优秀品质及历史功绩等内容。每个专题篇幅不长,并相对独立,以易于阅读、便于携带且尽可能降低书价为原则,有的专题单独成册,有些专题则联合成册。

希望广大读者能通过阅读这套丛书,走近数学、品味数学和理解数学,充分感受数学文化的魅力和作用,进一步打开视野,启迪心智,在今后的学习与工作中取得更出色的成绩。

李大潜

2005年12月

目　　录

一、引言 ……………………………………… 1

二、非欧几何是怎样诞生的 ……………………… 3

欧几里得及其《几何原本》……………… 3
欧几里得的公理系统 ……………………… 7
第 5 公设引起的争议与研究 …………… 11
谁创立了非欧几何? ……………………… 19
非欧几何的影响 ………………………… 23

三、并不神秘的非欧几何 ……………………… 24

平行公设与平行角 ……………………… 24
非欧几何中的三角形 …………………… 27
非欧几何中的正弦定律与余弦定律 …… 32
黎曼的非欧几何 ………………………… 34
兰伯特的猜想 …………………………… 42
关于非欧几何的名称 …………………… 43

四、罗巴切夫斯基几何的模型 ………………… 45

关于罗巴切夫斯基几何的困惑 ………… 45

i

  历史上的三个模型 ·············· 46
  交比与分式线性变换 ············ 52
  庞加莱模型中的非欧距离 ········ 55
  罗巴切夫斯基几何的实现 ········ 59
  从非欧几何到黎曼几何 ·········· 68

五、结束语 ························· 75

参考文献 ··························· 78

一、引 言

大多数人只知道一种几何,那就是人们在中学里学的欧几里得几何,简称欧氏几何.人们会认为这种几何是最自然的几何,是天经地义的永恒真理.

在19世纪中叶,数学上破天荒地出现了一种新几何,打破了欧氏几何的一统天下.人们把这种新几何称为非欧几何,或罗巴切夫斯基几何.非欧几何的出现,无论在数学史上,还是在科学史上,都是一件大事.它突破了两千年来的传统几何观念,在空间观念上是一场重大革命.

在非欧几何中,某些命题与欧几里得几何一致,比如描述三角形全同的"边边边"、"边角边"与"角边角"的定理.但是,有相当多的重要命题与欧几里得几何大相径庭.比如,在这种新几何中,

"过给定直线外一点可以作无穷多条直线与给定直线平行";

"三角形的内角之和小于180度";

"没有矩形存在";

"两个三角形的三个角对应相等,则它们全同";

"毕达哥拉斯定理不再成立",需要换成更复杂的公式;

"三角形的面积不能任意大",

初次听到这些命题,人们可能会大为惊奇,并对非欧几何充满着神秘感.人们不禁要问,这种几何是

怎样产生的？难道我们熟悉的欧几里得几何错了吗？这种非欧几何符合人们的生活经验吗？到底哪种几何是真实的呢？这种新几何有什么用吗？

本书试图用通俗易懂的语言和浅显的方式来回答这些问题．我们将详细解释非欧几何是怎样产生的，介绍非欧几何的基本内容，剖析非欧几何与欧氏几何的关系，并介绍非欧几何的庞加莱模型．这种模型可以帮助读者从直观上接受非欧几何，并最终摆脱对它的神秘感．

非欧几何的进一步发展导致了黎曼几何的产生，而后者后来成为爱因斯坦广义相对论的数学基础．爱因斯坦的相对论从根本上改变了人类的时空观，并有重大的应用．

从讨论欧几里得的平行公设开始，到非欧几何的出现与黎曼几何的建立，再到广义相对论，在这个漫长而曲折的历史链条中，人们看到了人类追求理性完美的努力是何等顽强！而这种努力所带来的成就又是何等辉煌！作者花了足够的笔墨，来描述这一历史链条上种种事件，以展示这一过程中数学思想的发展变化．

本书是一本通俗读物，而不是一本教科书，我们的叙述将尽量避免公式的推导，而把重点放在数学思想的阐述上．一般说来，具有高中数学知识的读者能够读懂本书的一大半，而具有微积分知识的人则可以读懂其全部内容．

二、非欧几何是怎样诞生的

非欧几何的诞生,源自对欧几里得的第五公设的讨论与研究.因此,我们先从欧几里得的巨著《几何原本》说起.

欧几里得及其《几何原本》

欧几里得是古希腊的一位伟大的学者.现在,人们只知道他的大概生活年限(约公元前325—前270),而具体的出生年月以及逝世日期均无从考证.早年他就读于雅典,后来在亚历山大城度过了他的大半生,并成为亚历山大学派的奠基人.他的一生写了许多有关数学、天文、光学和音乐的书,但影响最大的莫过于《几何原本》.

《几何原本》原文的英文译名为《Elements》.最早的中文译本是明代科学家徐光启(1562—1633)和一位外国传教士联合翻译的.

《几何原本》共分13卷,其中1—6卷是关于平面几何的,7—10卷是关于数论的,11—13卷是关于空间几何的.除去一系列的定义、5个公设与5个公理之外,全书共有467个命题(也可称定理).

欧几里得的《几何原本》是古希腊理性文明的杰出代表.早在欧几里得之前的数百年,古希腊人对哲理的研究就发展到相当高的程度.他们热衷于哲学、数学、天文的研究，努力追求理性的完美，先后出现了许多著名的学派，如毕达哥拉斯（Pythagoras，约公元前580—约前500）学派和柏拉图（Plato，公元前427—前347）学派．**他们对数学的最大贡献就是对于每一个数学命题，都要根据明白无误的假定和事先给定的公理与公设，由形式逻辑推演出来．**古希腊人的这种精神后来被确定为数学的基本精神，并沿用至今．当时的这些学派已经掌握了一大批定理及其证明．欧几里得正是在这种背景下编写了他的巨著——《几何原本》．

图1　欧几里得画像

在《几何原本》中的四百多个命题中，绝大部分是前人已经知道的事实，并非欧几里得所原创．欧几里得的最大贡献在于他巧妙地把这数百个定理排成一个有序的链，使得其中的每个定理都可以由给定的公理与公设,以及前面证明过的定理,用形式逻辑推演出来.**这样,欧几里得在《几何原本》中构建了人类有史以来第一座演绎推理的宏伟大厦.它是如此的精巧、严密、完美,令人赞叹不已.**

在《几何原本》中属于欧几里得个人的成果,主要是两件事:一个是求两个整数的最大公约数的算法,通常称为欧几里得算法,在我国有时称为辗转相除法;另一件是证明素数的个数是无穷的.这个优美简单的证明至今还在被广泛采用.

与其他四百多个定理相比,专属欧几里得的定理在其中只占有很小的一部分.但是,欧几里得的重大贡献,在于他在前人的基础上,首次规范了公理与公设,并把当时所有已知的定理用它们逐一推演出来.欧几里得的《几何原本》是数学史上第一个公理系统,它为数学的发展提供了一个典范.他的这项功绩要远远大于他发现的几个定理.

著名物理学家爱因斯坦曾高度评价欧几里得的贡献.他说:

"在逻辑推理上的这种令人惊叹的胜利,使人们为人类未来的成就获得了必要的信心."

欧几里得的《几何原本》不仅为数学科学,而且为其他科学树立了一个光辉的榜样.它启示人们,在众多的事物中,要努力找出那些最为基本的东西,把它们作为讨论的出发点,以演绎出各种各样的结论.正是受了欧几里得几何的影响,牛顿才把他的三条力学定律,作为其一切讨论的基本出发点与基本依据.

欧几里得的《几何原本》在教育史上也是最具影响的教科书.在欧洲,人们把它或其改写本作为中学教材有一千年以上的历史,人们曾把是否通晓几何作为衡量人的教育程度的一项标志.《几何原本》被翻译成世界各种文字,其版本之多,发行量之大,持续时间之久,仅次于《圣经》.许多大科学家都谈起过他们在中学时代深受欧几里得的影响.爱因斯坦曾经说过如下的话:

"如果欧几里得未能激发起你少年时代的科学激情,那你肯定不会是一个天才的科学家."

把爱因斯坦的这句话当作一个命题,那么它的逆否命题便是"任何一个天才的科学家在少年时代都曾经被欧几里得激起科学的激情."

我国明代科学家徐光启在翻译欧几里得《几何原本》时曾高度评价了此书.他说:

"能精此书者,无一事不可精;好此书者,无一事不可学."

他们说得是何等好啊!

一千多年来,世界各国均以欧几里得几何为基本内容编写了初等几何,作为中学的一门重要课程.在中等教育中几何课一直占有极为特殊的地位:它有效地培育了学生的推理能力、严密思考的习惯和努力探索的精神.这一点可能是其他课所不可替代的.这在过去是如此,今天,在现在高科技时代依旧如此.那些试图贬低欧氏几何在基础教育中地位的种种说法,如果不是偏见,便是无知.那些试图在中学教育中取消欧氏几何、取消"证明"的种种做法,不是在进行教学改革,而是对两千年来科学与文明的否定.

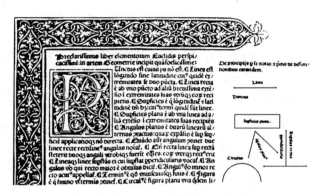

图 2 《几何原本》的拉丁文译本

欧几里得的公理系统

现在让我们来具体地分析一下欧几里得的公理系统.

在古希腊时代,人们把对各个学科都适用的基本假定称作公理,把只适用于某一个学科的基本假定称为公设.

在欧几里得的《几何原本》中,他列出 5 条公理和 5 条公设.

欧几里得的 5 条公理是:

1. 等于同一个量的两个量相等;

2. 等量相加,其和相等;
3. 等量相减,其差相等;
4. 可以重合的图形,对应的量相等;
5. 全体大于部分.

欧几里得在《几何原本》中的 5 条公设如下:
1. 两点之间**可以作**一条直线段;
2. 直线段可以无限延长;
3. 以任意一点为中心、以任意给定的线段为半径**可以作**一个圆;
4. 所有直角都相等;
5. 若一条直线段与另外两条直线段相交,且使一侧的内角之和小于两个直角,则该两条直线段无限延长后必相交(见图 3).

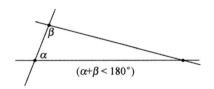

图 3 欧几里得第 5 公设

乍一看,这些公理与公设,特别是这里的公理与前 4 条公设,全部都是极为自然的事,有些话甚至近似于"不必说的废话". 其实不然. 严谨的古希腊人认为,数学命题的证明,每一步都应该有确切的依据,这里所谓"依据"就是公设与公理、命题本身的假设,以及此前已经证明了命题. 除此之外,不允许有任何其他东西作为依据. 因此,欧几里得必须列出一切要用到的基本事实,尽管它们是那样显然.列出这些极为明显的事实作为公理与公设,这足以表明欧几里得在《几何原本》中推理的严谨性.

应该说,这里列出的公理与公设都是欧几里得经过深思熟虑的结果.这里我们不打算讨论每一条的意义,只想指出如下几点:

首先,第1、3公设中说可以作一条直线段或圆,而不说"存在".这是因为在《几何原本》中有许多几何作图的命题.这两条公理是为几何作图进行铺垫.在古希腊早就有圆规直尺作图之说,这两条公设为圆规直尺作图提供了依据.与此同时,也限定了人们只能做这两件事:使用没有刻度的直尺连接直线段和用圆规依据给定的中心与半径作一个圆.大家知道,所谓"三等分角问题"也正是在这样的意义下,才成为一个历史难题.

其次,欧几里得没有使用"无穷直线"的概念.

通常,"直线"一词有两个含义:一是介于某两点之间的有穷直线段,一是无限直线,后者是前者无限延长的结果.欧几里得对待无穷采取了极其慎重的态度:他不使用"无穷直线"的概念,而只承认两点之间可以作一条直线段和直线段可以任意延长.如果使用"无穷直线",那么第1、2条公设,可以换作一条:过任意两点可以作一条(无穷)直线.

这种(无穷)直线与直线段的差异最明显地表现在第5公设上.大家知道,欧几里得的第5公设的现代说法是:

过给定直线外一点，可以作一条直线

并且只能作一条直线，与已知直线平行.

显然，这里所说的"直线"实际上都是指"无穷直线". 事实上，所谓两直线平行就是指两条不相交的（无穷）直线. 这个命题通常称为**平行公设**.

在欧几里得的《几何原本》中，他没有在无穷意义下使用"直线"一词，有其明显的理由：把一条直线段无限地延长后的总体称作直线，这样做似乎超出了人的直接经验. 试问有谁见过这样的直线呢？正是因为欧几里得只在有穷的意义下使用直线一词，他才把第 5 公设叙述成上述的样子.

尽管欧几里得竭力避免使用无穷，但他不可避免地要与无穷打交道. 他的所谓任意延长只不过是避免无穷直线的一种说法而已. 同样，直线段"任意延长"同样是超出人的直接经验的.

大家知道，"无穷"是困扰数学家的一大麻烦. 在数学家当中，有一批人不喜欢"无穷"一词，尽力避免明显地使用它，而使用了与之等价的说法. 欧几里得就是一例. 对于这种做法，人们称之为"潜无穷". 而直接承认"无穷"并明显使用"无穷"的术语的做法，人们称为"实无穷".

再次，我们指出，第 5 公设的提出是欧几里得的一大贡献.

事实上，除去第 5 公设之外，其他公理与公设都是古希腊人已经常用的，只不过是由欧几里得系统而明确地提出来而已. 但是第 5 公设似乎以前别人没有用过. 欧几里得能够提出它，表明他有过人的洞察力，看到了这条公设的不可或缺性．后来由第5公设引发的广泛而长期的研究以及非欧几何的诞生，则进一步表明了提出这个公设的重要性．因此，有人认为**第 5 公设是欧几里得在《几何原本》中说的最重要的一句话**．

最后，我们还要指出，以现代的观点看，欧几里得的公理系统还有许多不完善之处，甚至有许多缺欠．19 世纪末著名数学家希尔伯特（Hilbert, 1862—1943）对欧几里得的公理系统进行了深入而彻底的研究，克服了欧几里得系统的各种不足．可惜我们无法在这个小册子里详细介绍他的工作了．

第 5 公设引起的争议与研究

从一开始，欧几里得的第 5 公设就引起了广泛的争议．

很多人认为，第 5 公设在叙述上形式复杂，不像其他公设那样简单明了，看上去更像一个定理．曾有不少人认为欧几里得第 5 公设并不独立于其他公设，并试图用其他公设推出第 5 公设．这种试图证明第 5 公设的努力，是旷日持久的，一直到非欧几何的建立为止，前后竟长达两千多年．在两千多年的漫长岁月里，不知有多少数学家卷入这股风潮，并为证明第 5 公设而耗尽了自己毕生的精力．

但是，所有的这种努力都毫无例外地失败了．其中不少数学家曾一度宣称自己已经证明了第 5 公设；但是，后来人们发现，在他们的证明中实际上用到了与第 5 公设等价的命题，因此证明是无效的．

在无数次的失败面前，人们对证明第 5 公设变得心灰意懒．

匈牙利的几何学家波尔约在写给正在研究第 5 公设的儿子的信中说：

> "你会在这上面花费掉所有的时间，终身不能证明这个命题……这个昏无天日的黑暗将吞没成千位像牛顿那样的杰出的天才．它任何时候也不会在这个世界上明朗化，它不会让不幸的人类在几何上取得成功．这将是永远留在我心中的巨创．"

世界上的事总有两个方面．人们的努力没有白费，它至少让人们更多地理解了第 5 公设的意义．另外，长期的失败又促使人们从不同的角度考虑问题：不再证明它，而去设法更换它——这就导致了非欧几何诞生．波尔约的儿子正是走的后一条路，成为非欧几何的创始人之一．

让我们先说说，无数的失败带给了人们什么东西．其中重要的收获就是，人们得到了一系列与欧几里得第 5 公设等价的命题，而这些命题本身看上去那样自然，以致使某些研究者误以为它们自然成立，从而导致许多人误认为自己证明了第 5 公设．

人们认识到，欧几里得第 5 公设与下面命题中任何一个等价：

（Ⅰ）平行公设（见第 2 节）；

（Ⅱ）三角形的内角和等于 180 度；

（Ⅲ）有矩形存在；

（Ⅳ）有相似而不全同的三角形存在；

（Ⅴ）三角形的面积可以任意大；

……

在欧几里得的《几何原本》的四百多个命题中，我们可以将它们分做两类：一类是其证明只用到了前面 4 个公设，而不涉及第 5 公设；另一类是必须依据第 5 公设才能证明的. 两个三角形全同的命题、大多数有关作图的命题（比如过线外一点作一直线段与已知直线垂直，又比如，给定一条直线及其上一点，过该点作一条直线使之与已知直线的交角等于给定的角），都属于前一类；而上述的 5 个命题（Ⅰ）至（Ⅴ）都属于后一类.

令人感兴趣的是，上述 5 个命题中的任何一个再加上前面的 4 条公设就能推出第 5 公设.

下面我们谈谈这些命题中的前三个，重点为第 2 个命题；而其中的第 4、5 个命题留待后面讨论.

平行公设与第 5 公设的等价性很早就被发现了，比如，公元 150 年希腊的天文学家托勒密（Ptolemy，约 9—168）曾宣称自己证明了第 5 公设，但后来人们指出，他实际上用到了平行公设. 后来，苏格兰数学家扑雷非尔（Playfair, 1748—1819）指出了两者的等价性. 用平行公设去证明第 5 公设是显然的（留给读者自己完成）. 用第 5 公设去证明平行公设也是不难的.

三角形的内角之和等于一个平角，这一定理是欧几里得几何的一个基本定理. 回顾它的（现代）证明，可以清晰地看到这个定理对平行公设的依赖关系,见图 4. 由于平行公设与第 5 公设有等价关系,故三角形的内角和为平角这一定理实际上也就依赖于第 5 公设.

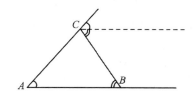

图 4　三角形内角和等于平角的证明

著名的法国数学家勒让德(A. M. Legendre,1752—1833)对第 5 公设作了深入研究,他证明了若有两个大小不等而彼此相似三角形,则第 5 公设成立. 他还证明了,若有一个三角形的内角和小于平角,则所有三角形的内角和都小于平角. 若有一个三角形的内角之和等于平角,则所有三角形的内角也是如此,并且欧几里得第 5 公设成立.

矩形的存在与三角形内角之和为平角有紧密联系. 如果矩形存在,就意味着至少有一对三角形的内角之和为平角,那么,根据勒让德的结果,欧几里得第 5 公设成立. 反之,若第 5 公设不成立,则三角形的内角小于平角,自然也就不可能有矩形存在.

人们也可以直接从矩形的存在推出平行公设,办法如下:设想有一个矩形存在,以给定的直线 L 为底边,以给定的点 P 为其一个顶点. 这时我们用铺砖的办法,用同样的矩形,一个矩形接着一个矩

形地沿着 L 向两侧铺展开来. 那么这些矩形之另一底边, 就构成了一条过 P 点的平行于 L 的直线.

历史上不少人在试图证明第 5 公设时, 是从讨论四边形的内角和出发的. 其中以中世纪的阿拉伯数学家海亚姆 (Khayyam, 约 1048—1131) 和 17 世纪数学家萨开里 (Saccheri, 1667—1733) 的方法最为典型并富有启发性. 他们的方法非常类似. 我们只介绍萨开里的方法就足够了.

萨开里的研究在当时影响广泛. 他在 1733 年出版了一本书, 名为《欧几里得几何无懈可击》. 他考察了一种四边形 $ABCD$ (见图 5), 其中 $\angle A = \angle B$ 为直角, 并且 $AD = BC$. 这种四边形后来被称为**萨开里四边形**, 或**海亚姆–萨开里四边形**.

图 5 萨开里四边形

在无须使用欧几里得第 5 公设的条件下, 很容易证明在上述萨开里四边形中 $\angle C = \angle D$. 这时只有下列三种可能性:

(1) (直角假设)$\angle C = \angle D =$直角;

(2) (钝角假设)$\angle C = \angle D >$直角;

(3) (锐角假设)$\angle C = \angle D <$直角.

首先,在直角假设下,萨开里证明了第5公设成立.反之,在第5公设成立的条件下,显然有 $\angle C = \angle D =$ 直角.因此,欧几里得第5公设等价于萨开里四边形中的直角假设.

其次,在钝角假设下,萨开里导出了矛盾(与直线可无限延长矛盾.由于篇幅所限,这里我们略去他的证明).

最后,在锐角假设下,萨开里导出了一系列几何现象:如三角形内角之和小于平角,过线外一点可以作很多条直线与已知直线平行,等等.他当时认为这些现象是如此奇怪,无法令人接受.因此,他认为他导出了矛盾,从而只剩下直角假设是无矛盾的.于是他声称证明了欧几里得第5公设.如此这般,他认为欧几里得几何是"无懈可击的".

为了理解萨开里的讨论,让我们看看他怎样从锐角假设导出三角形内角和小于 $180°$.

假定 $\triangle ABC$ 为给定的一个三角形,而 D 与 E 分别为 AB 与 AC 之中点.又设 D 与 E 的连线为 l.过 A 点向 l 作垂线,其垂足为 F,见图6(注:这些作图总是可能的,与第5公设无关).在 l 上取 G 及 H(见图6),使得 $GD = DF$,$EH = EF$.这时显然,$\triangle AFD \cong \triangle BGD$,$\triangle AFE \cong \triangle CHE$(注:三角形全同的定理 s.a.s. 与第5公设无关).由此推出 BG 与 CH 均垂直于 l.

很容易看出,四边形 $GHCB$ 是一个萨开里四边形.根据锐角假设,该四边形的两个顶角 $\angle BCH$ 与 $\angle CBG$ 之和小于 $180°$.而这两个顶角之和恰好

就是 $\triangle ABC$ 的三个内角之和. 因此, 这便由锐角假设导出了三角形内角和小于 $180°$ 的结论.

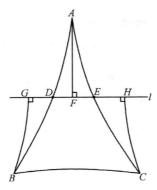

图 6　锐角假设 $\Rightarrow$ 三角形内角和 $< 180°$

此外, 萨开里还在锐角假设下, 导出了过线外一点可以有多条直线与已知直线平行. 萨开里的推导是完全正确的. 但是, 他认为由锐角假设导出了什么矛盾, 这是错误的. 事实上, 无论是三角形内角和小于 $180°$, 或过线外一点有多条直线与给定直线平行, 这些现象并不与第 5 公设之外的其他公设或公理矛盾.

萨开里在锐角假设下所导出的现象只是与通常人们的观念相矛盾, 而**非逻辑上的矛盾**. 因此, 萨开里并没有证明欧几里得第 5 公设. 最早指出这一点的是德国数学家克吕格尔 (G.S. Klügel, 1739—1812). 实际上, 克吕格尔对于欧几里得第 5 公设能否由其他公设证明产生了怀疑.

尽管萨开里没有证明欧几里得第 5 公设, 但是他的讨论却告诉人们:从逻辑上看,**如果更换欧几里得第 5 公设,可能导致一些新的几何现象**.

瑞士数学家兰伯特(Lambert, 1728—1777)所做的工作与萨开里有些类似. 他也考察了一类四边形,其中三个角为直角,而第四个角有三种可能性:直角、钝角和锐角. 他同样在锐角假定下,导出许多几何命题,这些命题与欧氏几何大相径庭. 其中最引人注目的命题是,**在锐角假设下,三角形的面积取决于其内角和;三角形面积与其角欠成正比**. 这里所谓角欠是 π 减去三个内角之和(以弧度制表示角度). 但是与萨开里不同,他不认为这些命题是无法接受的. 他甚至认为只要一组假设相互没有矛盾,就提供了一种新几何的可能. 这实际上就是非欧几何思想的一种萌芽.

在兰伯特的研究中,他还注意到在钝角假设下导出的几何命题恰好在球面上成立. 他由此竟然猜想到"**锐角假设下的几何可以发生在半径为虚数的球面上**". 有趣的是他的这些说法后来被双曲几何所证实.

兰伯特的观点已经非常接近非欧几何,只是他没有说出这个名字而已. 读者可能感到困惑的是,难道几何的公设或公理,可以完全脱离人的现实经验而随意更改? 诚然,公理或公设应该与人们的经验相符. 然而应当指出,人的经验有很大局限性,特别是要受到人类活动范围的限制. 即使在高科技的今天,人类的活动范围依然十分有限,相对于宇宙而言是十分渺小的. 人们对几何图形的了解、认识和经验，不可避免地带有某种局限性．单凭经验我们根本无法断言"两条直线在无限延长"后会发生什么．也就是说，欧几里得第 5 公设所涉及的问题早已超越了人类的直接经验范畴．我们没有理由认为，更换这一公设会与人类经验相违背．

谁创立了非欧几何？

前面提到的一些数学家，尤其是兰伯特，对于非欧几何的诞生有重要贡献．但是，他们都没有能正式提出一种新几何并建立系统的理论．而著名德国数学家高斯（Gauss, 1777—1855），匈牙利数学家波尔约（J. Bolyai, 1802—1860）和俄国数学家罗巴切夫斯基（N.E. Lobatchevsky, 1792—1856）却这样做了．通常人们认为他们是非欧几何的创始人．

高斯是最早指出欧几里得第 5 公设独立于其他公设的人．他早就知道试图证明这一公设的努力是白费力气．他曾经告诉他的朋友说，早在 1792 年他就已经有一种思想，去建立一种逻辑几何学，其中欧几里得第 5 公设并不成立．1794 年高斯在给朋友的一封信中，指出在他的这种几何中，三角形的内角和小于平角，而三角形面积依赖于三角形的内角和．此外，三角形的面积不超过一个常数，无论其顶点相距多远．他不认为自己由于更换欧几里得第 5 公设而导致了什么矛盾，而宁肯承认这是一种新几何．从 1813 年开始，他进一步发展了他的新几何，最初称为反欧几何，后来称为**非欧几何**．他坚信这种几何在逻辑上是无矛盾的,并且是真实的,能够应用的.为此他还实际测量了欧洲三个山峰构成的三角形内角,他相信内角和小于平角这一事实只有在很大的三角形中才会显露出来.但他的测量因仪器的误差而宣告失败.最可贵的一点在于,高斯认识到**欧几里得几何不是唯一的几何学**.

遗憾的是高斯在生前没有发表任何关于非欧几何的论著.人们是在他逝世后,从他与朋友的来往函件中得知了他关于非欧几何的研究结果和看法.高斯担心发表这些结果可能引来"黄蜂绕耳",遭受攻击.

图7 高斯

匈牙利青年数学家波尔约 1825 年在研究欧几里得第 5 公设的基础上建立了一种新的几何,并称为"绝对空间中的几何".他得到的许多结果是与高

斯一致的. 他成功地建立了适用于欧氏几何及非欧几何中的正弦定律的统一公式:

$$\frac{\sin A}{\odot a} = \frac{\sin B}{\odot b} = \frac{\sin C}{\odot c},$$

其中 a, b, c 是 $\triangle ABC$ 的三个角的对边, $\odot r$ 的表示式如下:

$$\odot r = \begin{cases} 2\pi r, & \text{欧氏几何}; \\ 2k\pi \sin \frac{r}{k}, & \text{球面几何}; \\ 2k\pi \sinh \frac{r}{k}, & \text{非欧几何}, \end{cases}$$

其中 k 为一常数. 他的父亲是高斯的朋友, 把他的论文转交给高斯. 但高斯认为他的思路与所得到结果跟 30 多年前自己的想法完全一致. 高斯对他父亲说"称赞他 (指波尔约) 就等于称赞我自己". 后来, 他的论文 "绝对空间中的科学" 在 1832 年作为他父亲的一本书的附录发表.

图 8　波尔约　　　　图 9　罗巴切夫斯基

几乎与波尔约同时, 俄国数学家罗巴切夫斯基独立地建立了非欧几何的理论.当时他称之为"想象中的几何".罗巴切夫斯基 1826 年在喀山大学数学物理系公开报告了他的研究成果.这个报告的主要内容在 1829 年正式发表.这是第一篇正式发表的有关非欧几何的学术论文.随后,他接二连三地发表了一些论文,不断补充、完善他的有关非欧几何的理论.直至他逝世前,他一直从事着关于这种新几何的研究.他的论文后来被译成德文,高斯得知后对罗巴切夫斯基的研究工作给予很高的评价.

在罗巴切夫斯基公布他的新几何之后,立即遭到了攻击,说他荒唐可笑,"是对有学问的数学家的嘲讽".他也因此遭到各种不公正的待遇,在孤独中度过了自己的晚年.人们对他的工作的理解是他去世之后的事,那是因为人们后来发现高斯生前做过同样的研究,而高斯在当时数学界的影响非同小可,这才引起人们对非欧几何及罗巴切夫斯基工作的重视和进一步的研究.但非欧几何最终得到普遍承认还是在非欧几何的实际模型建立之后.

在三个非欧几何的创始人中,高斯最早具有了非欧几何的思想和研究成果,但他没有公开发表;波尔约与罗巴切夫斯基研究非欧几何的时间大体相当,他们是彼此独立的.但波尔约的论文正式发表略晚.另外,罗巴切夫斯基关于非欧几何的研究更为系统,内容也更丰富.有鉴于此,人们有时将非欧几何也称为"罗巴切夫斯基几何".此外,人们使用这一名字的另一个原因是为了使之区别于后面要讲到的黎曼的非欧几何.

非欧几何的影响

非欧几何的诞生结束了欧几里得几何的一统天下.两千多年来,人们一直认为欧几里得几何是描述我们赖以生存的宇宙的唯一正确的几何,它的一切结论都是物质世界的必然.非欧几何的诞生对于人们的这些早已习以为常的看法提出了尖锐挑战.现实世界到底是怎样的几何?怎样看待和解释非欧几何,它是纯逻辑的结果,还是具有某种现实意义?在非欧几何之后,出现了一些重要的新的几何分支,如仿射几何、射影几何、曲面上的内蕴几何等,并最终导致了更为广泛的几何——黎曼几何的诞生(后面章节内将更为详细地介绍这一过程).黎曼几何后来成为爱因斯坦广义相对论的数学基础,而广义相对论又为人们提供了新的时空观.如果说爱因斯坦的广义相对论是人类关于时空观念的一场重大革命,那么非欧几何的出现便是这场革命的前奏曲.

三、并不神秘的非欧几何

本章介绍非欧几何的基本内容.过去人们熟悉了欧几里得几何,对于非欧几何中的定理可能一时难以接受,甚至感到是不可思议的.其实,这些感觉大多是由欧氏几何先入为主造成的.因此,要想接受非欧几何,最好的办法是先忘记欧氏几何.只要你不认为欧氏几何是唯一正确的几何,那么非欧几何便一点也不神秘.

平行公设与平行角

在非欧几何中,欧几里得的《几何原本》中前4条公设得到了保留,但把欧几里得第5公设修改成下列形式:

>在同一平面上,过已知直线外一点至少可以作两条直线,它们与给定直线(无论怎样延长)都不相交.

通常,同一平面中的两条不相交的直线称为平行直线.在这样的意义下,上述公设也可以叙述为:

>过已知直线外一点至少可以作两条直线与已知直线平行.

设 l 为给定的一条直线,P 为 l 外之一点.假定 l_1 与 l_2 为过 P 点的两条不同直线,均与 l 不相交.那么从图 10 可以看出,夹在 l_1 与 l_2 之间的任意一

条直线 $\tilde{l}$ 都与 l 不相交. 因此, 上述公设实际上蕴含着过 P 点有无穷多条直线与 l 不相交.

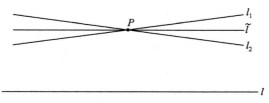

图 10　罗巴切夫斯基第 5 公设

现在, 我们引入**平行角**的概念.

过点 P 向直线 l 作垂线 PQ, 如图 11 所示; 并假定 P 到直线 l 的距离为 d. 我们考虑一切过点 P 的直线. 它们可以分作两类: 一类是与 l 不相交者, 而另一类则是与 l 相交者. 在上述公设的假定下, 前一类直线有无穷多条, 并且形成一个扇形, 见图 11. 这个扇形的两条边 l_+ 与 l_- 均与 l 不相交, 分别称作左平行线与右平行线. 它们实际上是过 P 点的与 l 相交的直线族的边缘直线. 它们与 PQ 在其左右两侧形成了两个锐角. 这两个锐角彼此相等, 我们称之为 P 点的平行角. 可以证明这个角只依赖于 P 到 l 的距离 d, 通常记为 $\pi(d)$. 从直观上看, 当 $d \to 0$ 时, $\pi(d) \to \dfrac{\pi}{2}$, 而当 $d \to +\infty$ 时, $\pi(d) \to 0$. 罗巴切夫斯基给出了 $\pi(d)$ 的表达式:

$$\pi(d) = \arcsin(\cosh d)^{-1},$$

其中 cosh 是双曲余弦：

$$\cosh x = \frac{1}{2}(e^x + e^{-x}).$$

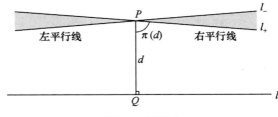

图 11　平行角

很遗憾我们只能略去这个公式的原始证明. 在下一章中将利用模型给出证明.

高斯与波尔约同样得到了上述平行角的公式.

平行角公式的更一般形式是

$$\pi(d) = \arcsin\left[\cosh\left(\frac{d}{k}\right)\right]^{-1},$$

其中 k 是一个常数, 高斯称之为"空间常数", 它依赖于我们度量空间的尺度单位. 后面我们将会说明, 如果我们把非欧几何视作弯曲空间中的几何, 那么空间常数 k 则相当于空间的曲率半径.

通常, 空间常数 k 是很大的数. 当 d 相对于 k 很小时, 由表达式可以看出 $\pi(d) \approx \frac{\pi}{2}$. 可见, 只有 d 很大时, 平行角才会明显地 $< \frac{\pi}{2}$.

注: 今后我们要经常使用双曲函数. 我们已经有

了双曲余弦函数的定义,而双曲正弦函数的定义是

$$\sinh x = \frac{1}{2}(e^x - e^{-x}).$$

双曲正切函数定义为 $\tanh x = \sinh x / \cosh x$,双曲余切函数定义为 $\coth x = \cosh x / \sinh x$.

非欧几何中的三角形

在欧几里得几何中,三角形是一个重点研究对象,其主要目的是确定三角形的边与角的关系. 非欧几何也理应如此.

在非欧几何中,三角形的一个显著特征是**其内角之和严格小于平角,即 180°**. 在欧几里得几何中,三角形的内角和等于 180°,这一事实是欧几里得第 5 公设的直接推论(请读者回顾其证明). 因而,罗巴切夫斯基几何中,三角形内角和小于 180° 这一事实是罗巴切夫斯基第 5 公设的直接推论. 事实上,罗巴切夫斯基第 5 公设等价于萨开里的锐角假设. 在这个假设下,我们已经证明了三角形内角和小于 180°.

如果不是严格的逻辑证明,而只是直观地解释这一现象,那么这一结论可以从图 12 看出. 在该图中,$\angle BAF = \angle B$,$\angle EAD = \angle C$. 这样,我们看到

$$\angle A + \angle B + \angle C = 180° - \angle EAF.$$

在欧氏几何中 AE 与 AF 重合,而在非欧几何中,可以证明 $\angle EAF \neq 0$.

这里,我们看到在非欧几何中,三角形的内角和并不是一个固定值.事实上,在非欧几何中有这样的三角形存在,其三个内角和可以小于任意给定的正数.当然,这样的三角形的三条边要足够长才成(见图 13).

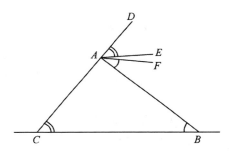

图 12　三角形内角和

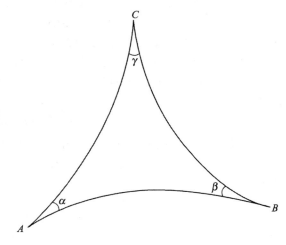

图 13　$\alpha + \beta + \gamma$ 充分小

作为三角形内角和小于 180° 的直接推论是:

在非欧几何中 n 边形内角和小于 $(n-2)$ 个平角,特别地,矩形是不存在的.

这里所谓矩形是内角均为直角的四边形. 在非欧几何中,居然没有矩形! 乍一听,这似乎是不能接受的. 但如果你接受三角形内角和小于 180° 这一结论,那么没有矩形存在便是必然的. 事实上,若一个矩形存在,那么连接矩形对角线,所得到的两个三角形的内角和中至少有一个大于或等于 180°.

大家知道,在欧氏几何中矩形的面积是长乘宽,并且这一事实是计算其他图形(如三角形和多边形,以及圆)面积的基础. 现在在非欧几何中根本就不存在矩形,那么图形面积的计算就成了问题. 在非欧几何中对面积的讨论要通过其他途径.

顺便指出,中国古代的数学家对于几何学有过重要贡献. 他们从矩形面积为长乘宽出发,利用了所谓"出入相补"原理证明了许多重要定理,如毕达哥拉斯定理及相似三角形对应边成比例等. 但是,我们必须强调指出,这些论证的前提是矩形的存在及其面积公式.

作为三角形内角和小于 180° 的另一个推论是:

在非欧几何中,三角形的任意一个外角大于其两个内对角之和.

请读者自己从三角形内角之和小于 180° 推出这个结论.

在欧氏几何中,两个三角形三边对应相等(s.s.s.)或者两对应边相等且其夹角也相等 (s.a.s.),则两个三角形全同,即经过一个刚体运动,可将两个三角形重合.在非欧几何中,这些定理仍然成立.因为在欧氏几何中这些定理的证明与第 5 公设无关.

但是在非欧几何中有一个更强的结果:

若两个三角形 △ABC 及 △A′B′C′ 的三个内角对应相等 (a.a.a.),则两个三角形全同.

换句话说,在非欧几何中不存在大小不同的相似三角形.

这个结论的证明很容易. 用反证法,设 △ABC 与 △A′B′C′ 中三个对应角相等,但它们并不全同. 通过刚体移动,不妨假定 A 与 A′ 重合,而 AB 与 A′B′,AC 与 A′C′ 分别落在同一直线上,但 BC 与 B′C′ 不重合,见图 14. 这时,我们立即发现四边形 BCC′B′ 的内角之和为两个平角. 这与前面的结论矛盾. (在这个证明中,用到了 BC 与 B′C′ 不相交,为什么? 留给读者思考.)

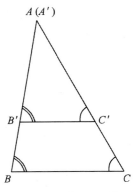

图 14　相似必全同

此外，在非欧几何中 s.a.a. 也意味着全同，即：

若两个三角形 $\triangle ABC$ 及 $\triangle A'B'C'$ 的一条对应边及两个对应角均相等，则两个三角形全同.

既然，在非欧几何中，三个内角便唯一决定了三角形的形状，自然三个内角也便唯一决定它的面积.不仅如此，在非欧几何中，一个三角形的内角和更完全决定了它的面积：

在非欧几何中，三角形 $\triangle ABC$ 的面积 S 与量 $\pi-(\angle A+\angle B+\angle C)$ 成正比：

$$S = M[\pi - (\angle A + \angle B + \angle C)].$$

特别地，任意三角形的面积是有界的：

$$S < M\pi.$$

注：这里的 $\angle A, \angle B, \angle C$ 均用弧度表示.

这公式的证明并不困难，但有一定篇幅，不得不将其略去. 这里的常数 M 依赖于空间常数 k. 在非欧几何中三角形的面积不超过一个常数这一命题似乎是令人最难以接受的. 其原因之一在于人们习惯于三角形的面积等于底乘高之半. 当高或底无限增大时三角形的面积就会无限增大. 但是，三角形的这一面积公式是基于矩形的存在，因而在非欧几何中已不再成立. 这一结论难以接受的另一原因是它与人们的直观经验不符合. 但是，应当再次指出，人们对巨大的三角形并无什么直接经验可言，更何况这里的上界 $M\pi$ 可能是非常大的数字.

非欧几何中的正弦定律与余弦定律

三角学的主要目的是建立三角形边与角的关系,它是初等几何的重要内容之一. 像通常一样,下面我们将 $\triangle ABC$ 中的顶点 A, B, C 的对边长度分别记作 a, b, c,如图 15 所示.

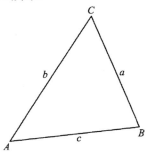

图 15 正弦定律

在欧氏几何中,我们有正弦定律:

$$\frac{a}{\sin \angle A} = \frac{b}{\sin \angle B} = \frac{c}{\sin \angle C}. \tag{3.1}$$

在罗巴切夫斯基几何中,正弦定律变成

$$\frac{\sinh a}{\sin \angle A} = \frac{\sinh b}{\sin \angle B} = \frac{\sinh c}{\sin \angle C}. \tag{3.2}$$

在欧几里得几何中,余弦定律为

$$c^2 = a^2 + b^2 - 2ab \cos \angle C. \tag{3.3}$$

而在非欧几何中,余弦定律变成了

$$\cosh c = \cosh a \cdot \cosh b - \sinh a \cdot \sinh b \cdot \cos \angle C. \tag{3.4}$$

特别地，当 $\angle C$ 为直角时，欧氏几何的余弦定律就是毕达哥拉斯定理：$c^2 = a^2 + b^2$. 但毕达哥拉斯定理在非欧几何中并不成立，它的对应物是

$$\cosh c = \cosh a \cdot \cosh b. \tag{3.5}$$

这要比 $c^2 = a^2 + b^2$ 复杂得多.

以上有关非欧几何的几个公式都是在空间常数 k 取为 1 的情况给出的. 对于一般情况，在这些公式中的 a，b，c 应相应换成 a/k，b/k，c/k；也即

$$\frac{\sinh\left(\dfrac{a}{k}\right)}{\sin \angle A} = \frac{\sinh\left(\dfrac{b}{k}\right)}{\sin \angle B} = \frac{\sinh\left(\dfrac{c}{k}\right)}{\sin \angle C}, \tag{3.6}$$

$$\begin{aligned}\cosh\left(\frac{c}{k}\right) = {} & \cosh\left(\frac{a}{k}\right) \cdot \cosh\left(\frac{b}{k}\right) \\ & - \sinh\left(\frac{a}{k}\right) \cdot \sinh\left(\frac{b}{k}\right) \cos \angle C,\end{aligned} \tag{3.7}$$

$$\cosh\left(\frac{c}{k}\right) = \cosh\left(\frac{a}{k}\right) \cdot \cosh\left(\frac{b}{k}\right) \quad \left(\angle C = \frac{\pi}{2}\right). \tag{3.8}$$

令 $k \to +\infty$，由上述的公式就可以推出通常的正弦定律、余弦定律及毕达哥拉斯定理. 但这要用到下列极限：

$$\lim_{k \to +\infty} k \sinh\left(\frac{x}{k}\right) = x \quad （对一切 x > 0）$$

及

$$\lim_{k \to -\infty} k^2 \left[\cosh\left(\frac{x}{k}\right) - 1\right] = x^2 \quad （对一切 x > 0）.$$

由此可见，欧氏几何实际上相当于非欧几何在空间常数 k 趋于无穷时的情形. 或者说，当 a,b,c 相对于 k 而言很小时，上述公式(3.6),(3.7)与(3.8)分别近似欧氏几何中的公式 (3.1),(3.2)与毕达哥拉斯定理.

黎曼的非欧几何

除了上面讨论的罗巴切夫斯基几何之外，还有另一种非欧几何——黎曼的非欧几何. 这种非欧几何较前面所说的非欧几何更容易接受，因为它有一个自然的模型——球面几何.

前面我们讲的非欧几何是高斯意义下的非欧几何，或称为罗巴切夫斯基几何. 它是将平行公设中"**能且只能作一条直线与已知直线平行**"，换成"**至少能作两条直线与已知直线平行**". 但是平行公设的反面并不止这一种可能. 它还有另一种可能：

在平面上，过已知直线外一点不能作任何一条直线与已知直线平行.

以上述命题作为公设去替代平行公设就可以得到一种新的非欧几何，通常称之为黎曼非欧几何.

在上述公设下，我们可以推出下述结论：

在同一平面上的任意两条直线必相交.

三角形内角和大于平角.

显然，这里的第一条结论是上述假定"不能作任何一条直线与已知直线平行"的直接推论. 因为它否定了平行线的存在性，必然导致任意两条直线一定相交.

图 16　黎曼

黎曼提出自己的非欧几何并不是完全从公理出发的. 当时他在几何上深受高斯的影响, 特别是深受高斯关于微分几何研究的影响. 他认为从给出空间度量出发可以得到更为一般的几何. 这里所谓度量, 粗略地说, 就是计算长度的规则. 他假定空间是弯曲的, 而不是平直的, 因而在每一点长度的计算公式也不同. 黎曼原来考虑的是一般 n 维空间. 为了简便起见, 我们这里只考虑 2 维情况, 即平面的情况.

假定在给定平面上取定了一个直角坐标系. 这样, 平面上的点便可以用实数对 (x, y) 表示. 对于平面上任意给定的一点 $P = (x, y)$, 并同时在该点附近给了另外一点

$$P' = (x + \mathrm{d}x,\ y + \mathrm{d}y).$$

如果我们承认欧氏几何,根据毕达哥拉斯定理,P 到 P' 的距离应是

$$\mathrm{d}s = \sqrt{\mathrm{d}x^2 + \mathrm{d}y^2},$$

也即有

$$\mathrm{d}s^2 = \mathrm{d}x^2 + \mathrm{d}y^2.$$

这便是欧氏几何计算两点间距离的公式,见图 17. 从这个公式立即看出,P 到 P' 的距离只取决于 $\mathrm{d}x$ 与 $\mathrm{d}y$,而与 P 的位置无关.

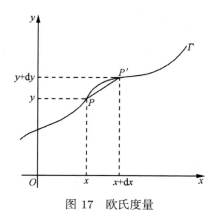

图 17 欧氏度量

在这个度量下,计算一条光滑曲线:

$$\Gamma : \begin{cases} x = x(t), \\ y = y(t), \end{cases} \quad \alpha \leqslant t \leqslant \beta$$

的长度的公式是

$$\int_\Gamma \mathrm{d}s = \int_\alpha^\beta \sqrt{[x'(t)]^2 + [y'(t)]^2} \mathrm{d}t.$$

很容易证实,在欧氏度量下,两点之间的最短连线是直线段.

为了考察更一般的几何,黎曼考虑了一般的度量(通常称作黎曼度量):

$$ds^2 = E(x, y)dx^2 + 2F(x, y)dxdy + G(x, y)dy^2,$$

其中 E, F, G 是 (x, y) 的函数,而且满足下列条件:

$$E > 0, \quad EG - F^2 > 0.$$

这两个条件使得上述度量表达式右端恒为正数,只要 dx 与 dy 不同时为零. 在这个度量下曲线 Γ 的长度仍是

$$\int_\Gamma ds,$$

但是其中弧微分的表达式是

$$ds = \sqrt{Edx^2 + 2Fdxdy + Gdy^2},$$

比欧氏度量要复杂得多. 一般说来,按照这个公式计算连接给定两点的最短线(称为测地线)不一定是直线段,而可能是一条弯曲的线.

熟悉微分几何的读者,立刻可以看出,一个黎曼度量局部地看就是某张曲面的第 I 基本形式,而 (x, y) 平面上的一条曲线在该度量下的长度实际上就等于这条曲线所对应的曲面上的曲线的长度,见图 18.

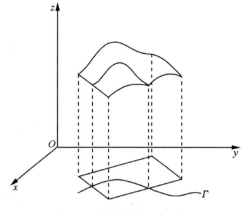

图 18　黎曼度量的几何意义

因此, 在平面上装配了一个黎曼度量之后就失去了其平直性, 而变成一个弯曲的空间. 人们行走在这样的平面上宛如行走在一个高低不平的曲面上, 而测地线（即最短线）可能是弯曲的.

我们知道, 高斯证明了, 一张曲面的总曲率只依赖于其第 I 基本形式. 因此, 人们可以谈论一个黎曼度量的总曲率. 总曲率有时称为高斯曲率或简单地称为曲率. 欧氏度量的曲率为 0.

黎曼在研究一般度量的同时, 特别考察了一种具有正的常曲率的度量

$$ds^2 = \frac{dx^2 + dy^2}{\left[1 + \dfrac{\alpha^2}{4}(x^2 + y^2)\right]^2},$$

其中 $\alpha > 0$ 是常数. 这个度量的曲率为 α^2.

黎曼认为平面装备了这样的度量之后, 将其测

地线视作"直线"就得到了一种非欧几何.

理解黎曼所引入的这种非欧几何,最好的办法是通过球极投影把这种非欧几何看成球面几何.

我们考虑空间的一个 $Oxyz$ 坐标系,并以点 $(0,0,\alpha^{-1})$ 为中心、以 $R = \alpha^{-1}$ 为半径作一个球面 S. 设球面的北极 $N = (0,0,2\alpha^{-1})$ 到 (x,y) 平面上任意一点 P 的连线交 S 于点 P',我们便得到了 (x,y) 平面到球面 S 的一个映射:$P \mapsto P'$ (见图 19). 显然, 这个映射下, (x,y) 平面过原点的任意一条线都对应于球面 S 上过南北极的圆. 可以一般地证明, 在上述度量下 (x,y) 平面上的测地线对应于 S 上的一个大圆, 即圆心在 $(0,0,\alpha^{-1})$ 的圆. 反过来, 球面上每一个大圆也对应于平面上的一条测地线.

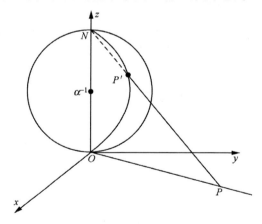

图 19 球极投影

黎曼的非欧几何的一个自然模型就是球面几何. 在这里, 黎曼把平面想象成一个巨大的球面, 并把球面上的大圆(即球面与过球心的平面的交线)看作"直线".

在这样的看法下,黎曼意义下的"直线"——大圆有下列性质:任意两条"直线"必相交,即无平行线存在(见图 20).

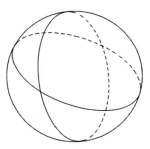

图 20 球面上的两个大圆必相交

此外,从直观上不难看出,由大圆弧组成的三角形之内角和大于 180°(见图 21).

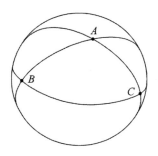

图 21 球面上的三角形的内角和

球面几何已有悠久的历史. 但把它看成一种非欧几何的模型,则应归功于黎曼.

关于球面几何，人们过去已经有完整的知识. 球面几何中的每一条定理，都可以翻译成黎曼非欧几何中的定理. 比如，由球面三角学可以知道，成立下列形式的正弦定律与余弦定律：设 A, B, C 为球面上的三点，三角形 ABC 是由三条大圆圆弧组成的、以 A, B, C 为顶点的三边形. 顶点 A, B, C 的对边的弧长分别记作 a, b, c. 则有下列关系式：

正弦定律：

$$\frac{\sin\dfrac{a}{R}}{\sin\angle A} = \frac{\sin\dfrac{b}{R}}{\sin\angle B} = \frac{\sin\dfrac{c}{R}}{\sin\angle C}. \tag{3.9}$$

余弦定律：

$$\cos\frac{c}{R} = \cos\frac{a}{R} \cdot \cos\frac{b}{R} + \sin\frac{a}{R} \cdot \sin\frac{b}{R} \cos\angle C, \tag{3.10}$$

其中 R 为球面之半径. 特别地，当 $\angle C = \dfrac{\pi}{2}$ 时，

$$\cos\frac{c}{R} = \cos\frac{a}{R} \cdot \cos\frac{b}{R}. \tag{3.11}$$

这便是球面几何中的直角三角形斜边与两直角边的关系.

在结束本节时，我们还要附带指出，当球面半径 R 趋于无穷时，球面上的上述正弦定律、余弦定律等就会变成通常欧氏几何中相应的定理.

事实上，根据微积分的知识，对于任意的 t，我们有

$$\lim_{R \to \infty} R \sin\frac{t}{R} = t. \tag{3.12}$$

对于(3.9)式分子乘以 R，再令 $R \to \infty$，我们有

$$\frac{\lim\limits_{R \to \infty} R \sin \dfrac{a}{R}}{\sin \angle A} = \frac{\lim\limits_{R \to \infty} R \sin \dfrac{b}{R}}{\sin \angle B} = \frac{\lim\limits_{R \to \infty} R \sin \dfrac{c}{R}}{\sin \angle C}.$$

再由 (3.12) 即得

$$\frac{a}{\sin \angle A} = \frac{b}{\sin \angle B} = \frac{c}{\sin \angle C}.$$

另外，令 $R \to \infty$，我们可以由球面余弦定律导出通常余弦定律. 由于这一推导较长，故略去.

上述事实告诉我们，**当 R 很大，而 a，b，c 相对于球面半径 R 很小时，其正弦定律与余弦定律与欧氏几何的相差无几.**

兰伯特的猜想

在前面我们提到，兰伯特很早就指出，在萨开里四边形的钝角假设下所导出的几何命题在球面上成立，而"**锐角假设下所导出的几何命题可以发生在半径为虚数的球面上!**"

兰伯特的这一断言在罗巴切夫斯基与黎曼建立了各自的非欧几何之后得到证实.

我们看到一个事实：前面的(3.6)、(3.7)和(3.8)与(3.9)、(3.10)和(3.11)有某种相似之处. 球面几何中的正弦定律与余弦定律，恰好是在罗巴切夫斯基几何中相应的公式中将双曲函数换成对应的三角函数而得来，只不过在 (3.10) 的右端的第二项却相差了一个符号. 这一类比关系使我们发现了一个事实：

前一节中兰伯特的断言是正确的.事实上,由欧拉公式 $e^{ix} = \cos x + i\sin x$ 得

$$\cos x = \cosh ix, i\sin x = \sinh ix.$$

这两个公式实际上对于 x 为虚数时也成立.[①]利用它们,我们可以将罗巴切夫斯基几何的正弦定律与余弦定律写成下列形式

$$\frac{\sin \dfrac{a}{k\mathrm{i}}}{\sin \angle A} = \frac{\sin \dfrac{b}{k\mathrm{i}}}{\sin \angle B} = \frac{\sin \dfrac{c}{k\mathrm{i}}}{\sin \angle C},$$

$$\cos \frac{c}{k\mathrm{i}} = \cos \frac{a}{k\mathrm{i}} \cdot \cos \frac{b}{k\mathrm{i}} + \sin \frac{a}{k\mathrm{i}} \cdot \sin \frac{b}{k\mathrm{i}} \cos \angle C,$$

与(3.9)和(3.10)相比较立即发现:这恰好相当于半径为 $k\mathrm{i}$ 的球面上的正弦定律与余弦定律.

这就是说,罗巴切夫斯基几何,正如兰伯特所说,是"半径为虚数的球面"上的几何!

关于非欧几何的名称

总结前面的讨论,我们知道有两种意义下的非欧几何:一是高斯意义下的非欧几何,又称为罗巴切夫斯基几何,在这种几何中,过给定直线外一点至少可作两条直线与已知直线不交;其三角形内角和小于平角;另一是黎曼意义下的非欧几何,其模型为球面几何.在这种几何中,过给定直线外一点不能作任何直线使其与给定直线相交,其三角形内角和大于平角.

---
① 这需要用解析函数的知识.

第一种非欧几何,即罗巴切夫斯基几何,又称作**双曲几何**. 而第二种非欧几何,即黎曼的非欧几何,又称作**椭圆几何**.

我们所熟悉的欧几里得几何又称为**抛物几何**.

这些名称是克莱因(C.F.Klein,1849—1925)给出的. 关于这些名称的来由,我们可以不必深究,只把它们当作名字而已.

后面我们将会指出,这三种几何都是黎曼几何[①]的特例:它们所对应的黎曼度量的曲率都是常数. 欧几里得几何对应的曲率为零; 球面几何对应的曲率为正的常数,而双曲几何对应的曲率为负的常数.

[①] 请读者注意,这里的黎曼几何与前面讲到的黎曼的非欧几何是两回事. 黎曼几何是一种更广泛的几何.

四、罗巴切夫斯基几何的模型

读完上一章之后,读者对于非欧几何已有所了解.但是对罗巴切夫斯基几何,可能依然颇感困惑.人们对黎曼的非欧几何较容易接受,其主要原因在于它有一个在欧氏空间实现的模型.因此,为了使人们对罗巴切夫斯基几何有真实感,很有必要在欧氏几何的框架中构造一种模型来实现这种新几何.历史上有三个这样的模型,本章将重点讲述其中的庞加莱(Poincaré, 1854—1912)模型.

关于罗巴切夫斯基几何的困惑

在了解了罗巴切夫斯基几何的基本内容之后,读者有许多问题会呈现在脑海之中.比如:

(1) 罗巴切夫斯基几何是建筑在更换平行公设的基础上,纯逻辑演绎出来的结果.其中某些命题很难接受,难道它们是真实的吗?或者说它的结论符合实际吗?

(2) 罗巴切夫斯基几何有什么用途吗?如果没有任何用途,那么这种新几何不过是数学家们的一种逻辑游戏而已!

(3) 罗巴切夫斯基几何是基于更换平行公设而形成的.人们自然要问新的公理系统是相容的吗?迄今为止,在罗巴切夫斯基所得到的所有命题中未发现彼此之间的任何矛盾. 但是, 这不足以保证新的公理系统是相容的. 因为存在着这种可能性: 将来某一天在这系统中发现了一个命题与已知命题或公设矛盾. 因此, 提出新的公理系统的相容性问题是十分自然的.

在这一章中将讲述罗巴切夫斯基几何的模型. 这种模型会使人们对非欧几何有某种真实感, 同时回答部分上述问题.

新的公理系统的相容性问题可以通过模型而得以解决. 事实上, 所谓非欧几何的模型就是在欧氏几何的框架下来实现非欧几何. 非欧几何的每一个命题可以翻译成欧氏几何的一个相应命题, 而该命题在欧氏几何中成立. 因此, 新系统的相容性问题便归结为欧氏几何公理系统的相容性问题. 如果你承认欧氏几何的公理系统是相容的, 那么也就承认了非欧几何公理系统是相容的. 也正是由于这个道理, 在非欧几何出现之后, 希尔伯特对于欧几里得公理体系做了彻底的研究.

历史上的三个模型

前面我们已经看到, 黎曼的非欧几何的模型是球面几何. 但寻求实现罗巴切夫斯基几何的模型并非是轻而易举的事. 这种模型的发现是在罗巴切夫斯基几何正式发表的半个世纪之后, 也即在19世纪70年代, 先后由意大利数学家贝尔特拉米(Beltrami, 1835—1899)、德国数学家克莱因和法国数学家庞加莱给出了这种模型. 我们对前两个模型只作简要的介绍, 而详细讨论庞加莱模型.

贝尔特拉米的模型是三维空间的一个伪球面. 它是一个局部的模型, 也就是说, 伪球面可以被视作罗巴切夫斯基几何平面中的"一片", 而非整体. 罗巴切夫斯基几何中的命题, 只要其中涉及的量 (如三角形的边长或圆的半径) 相对较小时, 就能在伪球面上实现.

这里所谓伪球面就是以曳物线为母线的旋转面.

我们在 (x, z) 平面上考虑一条曳物线, 其方程是

$$z = r \ln \frac{r + \sqrt{r^2 - x^2}}{x} - \sqrt{r^2 - x^2} \quad (0 < x \leqslant r),$$

其中 $r > 0$ 为常数 (见图 22).

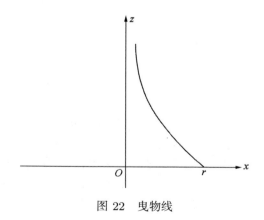

图 22 曳物线

在 (x, y, z) 空间中让上述曳物线绕 z 轴旋转一

周所得到的曲面称作伪球面（见图 23）. 伪球面的一个重要特征便是其高斯总曲率为负常数. 所谓曲面的高斯总曲率，对于不熟悉微分几何的读者而言，可以不予深究，只要知道它是一个几何量，用来描述曲面在每点处的弯曲状态就足够了. 我们知道球面的高斯总曲率为正的常数. 因此，人们便把这个具有负常曲率的旋转面称作**伪球面**.

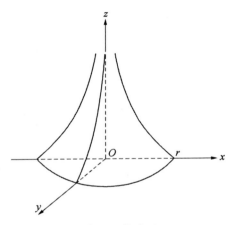

图 23　伪球面

贝尔特拉米将伪球面上的测地线（最短线）视作非欧直线段而将伪球面视作罗巴切夫斯基平面的一部分. 这时伪球面上的关于测地线的几何便局部地实现了罗巴切夫斯基几何. 我们无法在这里详细讨论贝尔特拉米的这一发现. 但人们从直观上可以看出萨开里四边形的锐角假设成立（见图 24）.

第二个模型是克莱因给出的. 它是一个整体实现罗巴切夫斯基几何的模型. 克莱因考虑了一个圆

盘 $D_R = \{(x, y) | x^2 + y^2 < R^2\}$，并把它视为一张整个非欧平面. D_R 中的任意一条弦看作是一条非欧直线. 克莱因定义了 D_R 中任意两点 A 与 B 的非欧距离为某个交比的对数：

$$d(A, B) = \ln[(A'B \cdot AB')/(A'A \cdot BB')],$$

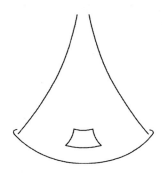

图 24　伪球面上的萨开里四边形

其中 A' 与 B' 是过 A 与 B 的弦的端点（见图 25）. 在这种非欧距离的定义下，当 B 趋向于 B' 时，上述交比趋于无穷，因而这时 A 至 B 的非欧距离也趋于无穷. 可见非欧直线的长度为无穷.

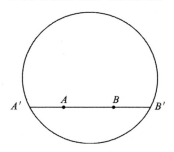

图 25　克莱因模型中的非欧直线

在这样的非欧距离下，每条弦都是测地线（即最短线），而且任意一点到 D_R 的边界的距离均是无穷. 此外，克莱因还定义了两条相交的非欧直线的交角. 在这些看法下，克莱因证明了罗巴切夫斯基几何中的每一个命题，都可以在这一模型中实现. 最为明显的是，过已知直线外一点有无限条直线与已知直线不相交（见图 26）.

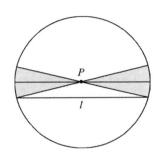

图 26　克莱因模型中的平行线

最优美自然的模型要属庞加莱的模型. 像克莱因的模型一样，庞加莱将圆盘 $D_R = \{(x,y)|x^2+y^2 < R^2\}$ 考虑为罗巴切夫斯基平面；但与克莱因不同，庞加莱把 D_R 中垂直于圆周 $C_R = \{(x,y)|x^2+y^2 = R^2\}$ 的圆弧或垂直于 C_R 的直线弧，视其为非欧直线. 他用交比的对数定义了非欧距离，而非欧直线的夹角却与欧氏几何中一致. 因此，它要比克莱因模型自然得多.

在我们详细讨论庞加莱模型之前，让我们先从直观上看看它怎样实现了罗巴切夫斯基几何的基本命题.

从图 27 中,读者可以从直观上看出罗巴切夫斯基几何中的三角形内角和小于平角. 而图 28 则表明过非欧直线 L 外一点 P 有无穷多条非欧直线与 L 不相交.

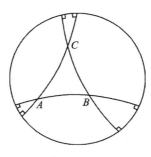

图 27　非欧三角形

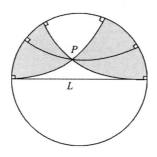

图 28　非欧平行线

庞加莱模型的另外一个好处是非欧圆(到一点 P 的非欧距离为某一常数的点的集合)恰好是一个欧氏圆(该欧氏圆的圆心不一定是 P). 我们在后面

将详细讨论这一个问题.

此外,在庞加莱模型中的非欧刚体运动(保持非欧距离的变换),是复变函数论中的分式线性变换. 这为我们的讨论提供了很大方便.

为了更好理解庞加莱模型,我们将在下一节专门介绍有关交比与分式线性变换的基本知识.

交比与分式线性变换

现在,让我们暂时忘掉非欧几何,先讨论复数的交比与分式线性变换.

在今后的讨论中,我们将使用复数来表示平面上的点,并假定读者已经熟悉复数的运算及其各种表示.

本节中的所有结论,均略去证明. 这些证明在一般的复变函数论教科书中可以找到.

现在,我们定义**交比**. 设有四个互不相同的复数 z_1, z_2, z_3, z_4. 我们定义其交比是

$$[z_1, z_2; z_3, z_4] = \frac{(z_1 - z_3)(z_2 - z_4)}{(z_2 - z_3)(z_1 - z_4)}. \tag{4.1}$$

图 29 表示了上述交比定义中点的次序关系:

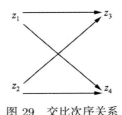

图 29　交比次序关系

其中横线箭头所连两点之差均在分子上,而斜线箭头所连两点之差均在分母上.

交比可以用来描述关于直线或圆的某些几何性质.

命题 1 设 z_1, z_2, z_3, z_4 是复平面中四个不相同的点,则该四点共圆或共线的充要条件是交比 $[z_1, z_2; z_3, z_4]$ 为实数.

现在,我们讨论分式线性变换,它又称为默比乌斯(Möbius, 1790—1868)变换. 形如

$$w = f(z) = \frac{az+b}{cz+d} \quad (ad-bc \neq 0) \tag{4.2}$$

的变换称为分式**线性变换**,其中 a, b, c, d 为复常数.

命题 2 分式线性变换保持交比不变. 更确切地说,设 $w = f(z)$ 是一个分式线性变换,则对于任意四个互不相同的点 z_1, z_2, z_3, z_4,我们有

$$[z_1, z_2; z_3, z_4] = [f(z_1), f(z_2); f(z_3), f(z_4)].$$

由命题 1 与命题 2 立即推出:

命题 3 每一个分式线性变换 $w = f(z)$ 将圆或直线变成圆或直线.

应当指出,分式线性变换未必总是将直线变成直线、圆变成圆,它有可能将直线变成圆,或将圆变成直线.

两个相交的圆弧(或直线弧)可以谈论它们在交点处的交角. 这种交角就是指在交点处相应切线之夹角.

分式线性变换另一个优美的性质是保持圆或直线的交角不变,称其为**保角性**.

命题 4 设 $w = f(z)$ 是一个分式线性变换,又设 C_1 与 C_2 是两条相交于 z_0 的圆或直线,且 $w_0 = f(z_0)$ 是有穷点,则 $f(C_1)$ 与 $f(C_2)$ 的交角等于 C_1 与 C_2 的交角(见图 30).

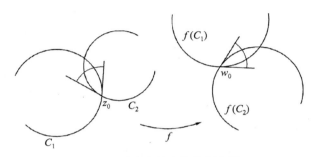

图 30 分式线性变换的保角性

这一命题是解析函数保角性的特殊情况.

有一类特殊的分式线性变换,它们在庞加莱模型中扮演着重要角色.

设 a 是 $D_R = \{z \mid |z| < R\}$ 内一点,我们考虑分式线性变换:

$$f_{a,\theta}(z) = e^{i\theta} \frac{R^2(z-a)}{R^2 - \bar{a}z}, \qquad (4.3)$$

其中 θ 是任意实数. 容易证明 $w = f_{a,\theta}(z)$ 将 D_R 变成自身,也即 $f_{a,\theta}(D_R) = D_R$.

设 $\varGamma$ 是 D_R 中垂直于 C_R 的一条圆弧或直线段,即 $\varGamma$ 是一条非欧直线. 那么,由 $w = f_{a,\theta}(z)$ 保角

性可知 $f_{a,\theta}(\Gamma)$ 与 $f_{a,\theta}(C_R)$ 正交. 但 $f_{a,\theta}(C_R) = C_R$, 故 $f_{a,\theta}(\Gamma)$ 也垂直于 C_R. 这样一来, 我们便证明了下列结论: **变换 $w = f_{a,\theta}(z)$ 将庞加莱模型中的非欧直线变成非欧直线, 并将指定的点 a 变成 0.**

庞加莱模型中的非欧距离

前面我们已经提到, 庞加莱把圆盘 $D_R = \{z \mid |z| < R\}$ 视作一张罗巴切夫斯基非欧平面, 并把 D_R 中的正交于圆 $C_R = \{z \mid |z| = R\}$ 的圆弧或直线弧视作非欧直线. 现在我们要定义 D_R 中任意两点的非欧距离, 也称为**庞加莱距离**.

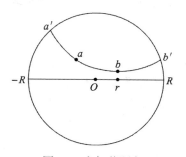

图 31 庞加莱距离

设 a 与 b 为 D_R 中两点, 又设 Γ 是过 a 与 b 的一条非欧直线, 其与 C_R 之交点为 a' 与 b', 位置如图 31 所示. 点 a 与 b 之间的庞加莱距离定义为

$$d(a, b) = \ln[a, b; b', a'], \qquad (4.4)$$

其中 $[a, b; b', a']$ 为四点 a, b, b', a' 之交比.

在这个定义中除了 a 与 b 两点之外，还涉及非欧直线和它在 C_R 的端点. 我们自然希望 $d(a, b)$ 有一个简单的表达式，其中只含有 a 与 b. 这是容易做到的. 可以证明：

$$d(a, b) = \ln \frac{|R^2 - \bar{a}b| + R|b - a|}{|R^2 - \bar{a}b| - R|b - a|}. \qquad (4.5)$$

这一关于 $d(a, b)$ 的表达式中除了半径 R 之外只含有 a 与 b.

此外，由这个表达式可以推出，当 a 固定而令 b 趋于 D_R 的一个边界点时，$d(a, b) \to \infty$.

这就表明 D_R 中任意一点 a 到 D_R 的边界的非欧距离都是无穷. 特别地，**一条非欧直线的非欧长度是无穷**.

圆盘 D_R 在欧氏平面是一个有界区域，但按非欧距离计算，它是一张无穷大的平面，而 D_R 的边界 C_R 则变成了非欧平面上遥不可及的"天涯".

设 $w = f_{a,\theta}(z)$ 是 (4.3) 式所决定的分式线性变换. 由于 $w = f_{a,\theta}(z)$ 使交比不变，且将非欧直线变成非欧直线. 我们立即看出分式线性变换 $w = f_{a,\theta}(z)$ 保持庞加莱非欧距离不变. **因此，分式线性变换 $w = f_{a,\theta}(z)$ 可以看作是庞加莱模型的非欧几何中的刚体运动**. 它将给定的点 a 变成 0 点，再旋转一个角度 θ.

现在，我们研究非欧距离与欧氏距离在一点处换算的比率. 它导致了**庞加莱度量**的概念.

我们在 D_R 中任意选定一点 z，并考虑它附近的任意点 $\zeta = z + \Delta z$，这里 Δz 是充分小的增量. 这

时，z 到 ζ 的欧氏距离是 $|\Delta z|$，而其非欧距离记为 Δs. 按照 (4.5) 我们有

$$\Delta s = \ln \frac{1 + \dfrac{R|\Delta z|}{|R^2 - \bar{z}(z + \Delta z)|}}{1 - \dfrac{R|\Delta z|}{|R^2 - \bar{z}(z + \Delta z)|}}. \qquad (4.6)$$

由此可以导出这两种距离的比 $\dfrac{\Delta s}{|\Delta z|}$ 的极限. 事实上，利用对数函数的泰勒展式，我们有

$$\ln \frac{1+x}{1-x} = 2x + o(|x|), \quad x \to 0. \qquad (4.7)$$

由 (4.6) 及 (4.7) 立即得到

$$\lim_{\Delta z \to 0} \frac{\Delta s}{|\Delta z|} = \frac{2R}{R^2 - |z|^2}.$$

写成微分形式即有

$$\mathrm{d}s = \frac{2R}{R^2 - |z|^2} |\mathrm{d}z|, \qquad (4.8)$$

换成实形式，可写成

$$\mathrm{d}s^2 = \frac{4R^2}{[R^2 - (x^2 + y^2)]^2}(\mathrm{d}x^2 + \mathrm{d}y^2), \qquad (4.9)$$

其中 $x^2 + y^2 < R^2$. 通常 (4.8) 式或 (4.9) 式称作圆盘 D_R 的**庞加莱度量**，而函数 $\rho_R(z) = 2R/(R^2 - |z|^2)$ 称作**庞加莱度量的密度**. 实际上，$\rho_R(z)$ 是在点 z 处非欧距离与欧氏距离之换算比率.

从 (4.8) 或 (4.9) 可以看出当 $z = x + \mathrm{i}y$ 越靠近 D_R 的边界时，这种比率就越大. 这就是说，同样

欧氏长度的线段越靠近 D_R 的边界,其非欧长度越大. 或者说,同样非欧长度的线段越靠近 D_R 边界时,其欧氏长度越小.

可见,在庞加莱模型中,当一个图形在非欧刚体运动中自原点附近向 D_R 的边界移动时,其图形的(欧氏)外观将由大变小,最后"消失于天边". 在图 32 中画出了许多对顶相连的三角形(带阴影者). 在非欧几何模型中这些三角形都是全同的,但看上去接近原点的较大,而远离原点的较小.

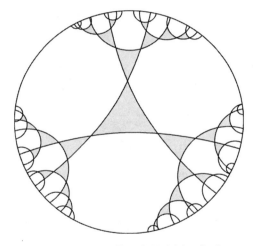

图 32 庞加莱模型中的全同三角形

有了庞加莱度量就可以利用微积分计算任意可求长曲线 Γ 的非欧长度与任意区域 G 的非欧面积:

$$l = \int_\Gamma \rho_R(z)|\mathrm{d}z|,$$

$$A = \iint\limits_{G} \rho_R^2(x+\mathrm{i}y)\mathrm{d}x\mathrm{d}y.$$

如果在这些公式中将 ρ_R 换成常数 1, 那么这些公式就与欧氏几何中的一致. 可见度量密度对于曲线长度与区域面积所带来的影响恰似质量密度之于质量计算一样.

利用微积分的知识, 可以证明两点之间的非欧直线是所有连接该两点的曲线中非欧长度之最短者. 换句话说, 非欧直线是庞加莱度量下的测地线. 另外, 利用微分几何的知识可以证明 $\triangle ABC$ 的非欧面积为 $M(2\pi - \angle A - \angle B - \angle C)$, 这里 $\angle A, \angle B, \angle C$ 用弧度表示.

罗巴切夫斯基几何的实现

庞加莱模型使我们得以把罗巴切夫斯基几何中的每一条定理翻译为圆内的一条欧几里得几何中相应的命题. 因此, 罗巴切夫斯基几何的定理的证明可以归结为相应的欧几里得几何命题的证明.

让我们先来讨论两点之间可以作一条非欧直线的问题.

为了方便, 今后我们不加说明地使用下列记号:

$D_R = \{z\,|\,|z| < R\}, \quad C_R = \{z\,|\,|z| = R\}.$

命题 1 在 D_R 中任意给定两点 a 与 $b, a \neq b$, 则过 a 与 b 总可以作一条非欧直线, 即过 a 与 b 总可作一条圆弧或直线弧垂直于 C_R.

这纯粹是欧氏几何中的一个作图题.

我们不打算在这里详细叙述这个作图题的解法,只附上一图(见图33),供读者参考. 我们相信有作图题训练的读者可以依据该图写出作图步骤.

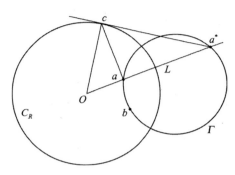

图 33 非欧直线的作图

注: 这里 a^* 是 a 关于 C_R 的对称点, 即满足: $\bar{a} \cdot a^* = R$.

现在讨论非欧圆的问题. 我们先证明**在庞加莱模型中非欧圆也是欧氏圆**.

根据定义, 在庞加莱模型中的非欧圆应当是到一点 $a \in D_R$ 的非欧距离为常数 r 的点的集合:

$$C_{a, r} = \{z \in D_R | d(z, a) = r\},$$

其中 $d(z, a)$ 表示点 z 到 a 的非欧距离.

当 $a = 0$ 时, $d(z, a) = \ln \dfrac{R + |z|}{R - |z|}$. 因此,

$$C_{0,r} = \left\{ z \in D_R \mid \ln \frac{R+|z|}{R-|z|} = r \right\},$$

或写成

$$C_{0,r} = \left\{ z \in D_R \mid |z| = R \sinh \frac{r}{2} \right\}.$$

可见,这时非欧圆恰好是欧氏圆.

当 $a \neq 0$ 时,我们可以通过庞加莱度量的刚体运动(见交比与分式线性变换一节)将 a 点移到 O 点,从而证明相应结论.

这里应当指出:当 $a = 0$ 时,非欧圆与相应的欧氏圆有相同的圆心,只是半径长度不同罢了.但当 $a \neq 0$ 时,非欧圆 $C_{a,r}$ 虽然也是欧氏圆,但 $C_{a,r}$ 的非欧圆心 a 与其欧氏圆心不同.

命题 2 对于 D_R 中任给两点 a 与 b,总能以 a 为圆心作一个非欧圆通过 b 点.

证 设给定的 a 是原点,即 $a = 0$. 这时,我们以 O 为圆心作一(欧氏)圆通过 b 点,则该圆即为所求.

设 $a \neq 0$,并记 L 为过原点及 a 的直线. 这时我们通过下列步骤完成非欧圆的作图:先求出 a 点关于 C_R 的对称点 a^*,并作一欧氏圆 Γ 通过 a 与 a^* 且垂直于 L. 依据点 b,作一点 b^* 使得 b^* 与 b 关于 Γ 对称. 若 b 点在 L 上,则 b^* 也落在 L 上. 这时以 b 与 b^* 连线的中点为圆心且过 b 点的欧氏圆即为所求. 若 b 点不在 L 上,则过 b, b^*, b' 三点的欧氏圆即为所求,其中 b' 点为 b 点关于 L 的对称点(见图 34). 证毕.

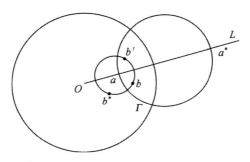

图 34 非欧圆的作图

图 35 画出了非欧圆 $C_{a,r}$ 的圆心 a 以及过 a 点所作的非欧直线. 可以证明这些非欧直线均与 $C_{a,r}$ 正交.

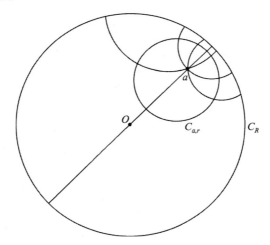

图 35 过非欧圆的圆心的非欧直线

现在, 我们来利用庞加莱模型讨论罗巴切夫斯基几何中的平行角.

平行角是罗巴切夫斯基几何中的一个基本概念(见平行公设与平行角一节). 罗巴切夫斯基证明了与给定直线距离为 d 的点关于给定直线的平行角

$$\pi(d) = \arcsin(\cosh d)^{-1}.$$

现在我们利用庞加莱模型来证明这一公式.

设 L 是 D_R 中的一条非欧直线, 又设 p 是 L 外的一点, 到 L 的非欧距离为 d. 也就是说, 过 p 点作一非欧直线垂直于 L, 其垂足为 q, 那么 p 到 q 的非欧距离为 d. 我们通过 p 点作两条非欧直线使之与 L 有共同的端点. 那么该两条非欧直线即为过 p 点之左右平行线. 它们与直线段 $\overline{pq}$ 的夹角即为平行角 (见图 36 (a)). 因为可以通过一个非欧刚体运动将 q 点移至原点, 这时 L 变成实轴上的区间 $(-R, R)$, 因此不失一般性, 可以假定 L 就是 $(-R, R)$, 而 $q = 0$ (见图 36 (b)).

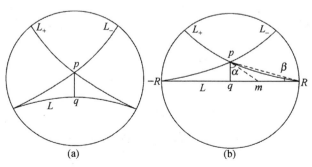

图 36 平行角的计算

为计算平行角,我们在图 36(b)中作两条辅助线:一条是过 p 点作 L_+ 的切线交 L 于 m,另一条是 p 点至 R 点的连线. 设 α 是 $\overline{pm}$ 与 $\overline{pq}$ 的夹角, 而 β 是 L 与 $\overline{pR}$ 的夹角. 那么 α 即我们所求的平行角 $\pi(d)$.

显然, 点 p 在虚轴上, 我们不妨设 $p = \rho \mathrm{i}$, $\rho > 0$. 由于 p 至 $q(= 0)$ 的非欧距离为 d, 立即得

$$\ln \frac{R+\rho}{R-\rho} = d,$$

即有

$$\frac{\rho}{R} = \frac{\mathrm{e}^d - 1}{\mathrm{e}^d + 1} = \tanh \frac{d}{2},$$

或写成

$$\rho = R \tanh \frac{d}{2}. \tag{4.10}$$

我们将 p 到 m 的欧氏距离写成 $|\overline{pm}|$, 又将 m 到 q 的欧氏距离记作 $|\overline{qm}|$. 那么, 我们有

$$|\overline{qm}| = \rho \tan \alpha, \quad |\overline{pm}| = \rho / \cos \alpha. \tag{4.11}$$

另外, 显然有 $|\overline{qm}| + |\overline{pm}| = R$. 于是, 由 (4.11) 有

$$\rho \tan \alpha + \rho / \cos \alpha = R,$$

即

$$\rho(1 + \sin \alpha) = R \cos \alpha. \tag{4.12}$$

对上式两端作平方运算, 然后化简, 即有

$$(\rho^2 + R^2) \sin^2 \alpha + 2\rho^2 \sin \alpha + (\rho^2 - R^2) = 0.$$

由此解出 $\sin\alpha$ 并去掉其负值的根,即得

$$\sin\alpha = \frac{R^2 - \rho^2}{R^2 + \rho^2}. \quad (4.13)$$

将 (4.10) 代入 (4.13) 即可推出

$$\sin\alpha = \frac{2}{e^d + e^{-d}} = (\cosh d)^{-1}.$$

由于 $\alpha = \pi(d)$,我们即得到

$$\pi(d) = \arcsin(\cosh d)^{-1}. \quad (4.14)$$

显然,$\pi(d)$ 是 d 的递减函数,且 $0 < \pi(d) < \frac{\pi}{2}$. 当 $d \to 0^+$ 时,$\pi(d) \to \frac{\pi}{2}$;而当 $d \to +\infty$ 时,$\pi(d) \to 0$.

最后我们利用庞加莱模型来说明罗巴切夫斯基几何作为一种"弯曲了的空间"中的几何,当这种弯曲程度越小时就越接近欧氏几何.

我们知道,黎曼的非欧几何可以解释为一个半径为 R 的球面上的几何. 当 R 越大,球面的每一个局部就越接近于平面. 从球面几何的正弦定律、余弦定律以及其他公式中也可以看出,当所取球面半径 R 趋于无穷时,由球面几何的公式就可以导出相应的欧氏几何的公式.

我们自然希望罗巴切夫斯基几何有相应的结果. 下面我们来实现这个想法.

在定义庞加莱距离时,我们可以乘以任意一个常数 k,也即

$$d(a,\ b) = k \ln \frac{|R^2 - \bar{a}b| + R|a - b|}{|R^2 - \bar{a}b| - R|a - b|},$$

这样做只改变了非欧距离的单位而不改变其他几何性质.

为了讨论上述问题, 我们取 $k = R$, 并记相应的庞加莱距离为 $d_R(a, b)$, 即

$$d_R(a, b) = R\ln\frac{|R^2 - \bar{a}b| + R|a-b|}{|R^2 - \bar{a}b| - R|a-b|}. \tag{4.15}$$

$d_R(a, b)$ 所对应的度量为

$$\mathrm{d}s_R = \frac{2R^2|\mathrm{d}z|}{R^2 - |z|^2}. \tag{4.16}$$

熟悉微分几何的读者可以看出, 这个度量的曲率恰好是 $-\dfrac{1}{R^2}$. 根据 (4.15) 很容易算出非欧距离有下列性质:

$$d_R(a, b) \to 2|a-b| \quad (R \to \infty) \tag{4.17}$$

这就是说, 当 R 无限增大时, 任意给定的两点的非欧距离趋向于它们的欧氏距离的两倍. 这里倍数 2 并非本质的, 不影响几何性质的讨论. 由此我们看到, 当 R 充分大时, 根据 $d_R(a, b)$ 所导出的非欧几何性质便十分接近欧氏几何的性质. 图 37 表明: R 越大, 连接 a 与 b 的非欧线段越接近欧氏线段.

当我们将非欧距离公式改成 (4.15) 时, 正弦定律与余弦定律就改为下列形式

$$\frac{\sinh\dfrac{a}{R}}{\sin\angle A} = \frac{\sinh\dfrac{b}{R}}{\sin\angle B} = \frac{\sinh\dfrac{c}{R}}{\sin\angle C}, \tag{4.18}$$

$$\begin{aligned}\cosh\frac{c}{R} = &\cosh\frac{a}{R}\cdot\cosh\frac{b}{R}\\ &-\sinh\frac{a}{R}\cdot\sinh\frac{b}{R}\cos\angle C.\end{aligned} \quad (4.19)$$

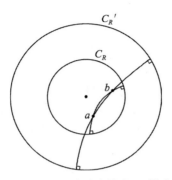

图 37 过 a 与 b 的非欧直线在 R 增大时变直

在 (4.18) 式的分子上乘以 R, 再令 $R \to +\infty$, 立即推出欧氏几何中的正弦定律, 但这里要用到极限 $\lim\limits_{x\to\infty}(\sinh x)/x = 1$ 这一事实.

利用展开式

$$\cosh\frac{t}{R} = 1 - \frac{1}{2}\left(\frac{t}{R}\right)^2 + o\left(\frac{1}{R^2}\right), \quad R\to +\infty,$$

并将 t 分别换成 a, b, c 后代入 (4.19), 再对等式双方乘以 R^2 并令 $R \to +\infty$, 取极限即可得到通常的余弦定律.

罗巴切夫斯基几何中的其他公式如角欠的公式、三角形面积的公式等, 均可照此办理.

这样我们说明了：欧氏几何是罗巴切夫斯基几何在其空间常数 k 趋于无穷时的极限.

在上述讨论中，我们不一定要求 R 很大，而只要 a,b,c 相对于 R 很小，就足以保证欧氏几何与罗巴切夫斯基几何相差很小. 因此，在一个很小的局部范围内，欧氏几何是非欧几何的一个近似.

从非欧几何到黎曼几何

正像前面已经指出的，非欧几何的诞生提出了一个尖锐的问题：我们现实世界的几何到底是欧氏几何还是非欧几何？这个问题在当时的数学界引起了争议，并推动了几何学的研究. M.克莱因在其著名的著作《古今数学思想》中指出：

> 由高斯、罗巴切夫斯基和波尔约的工作引起的，关于物理空间的几何我们可以相信些什么，这个疑问推动了 19 世纪的重大创造之一——黎曼几何的产生.

在上一章中，为了介绍黎曼的非欧几何，我们讲述了黎曼度量的概念及黎曼几何. 现在我们要进一步指出罗巴切夫斯基几何本质上也是一种黎曼几何. 为理解黎曼几何的意义，让我们从高斯关于曲面的微分几何说起.

高斯利用微积分研究了曲面，并奠定了曲面微分几何的基础. 高斯从曲面的参数方程出发，研究了曲面上的测地线和曲面的曲率. 设一张曲面可以表示成参数方程：$u = u(x, y)$, $v = v(x, y)$ 和 $w = $

$w(x, y)$. 这里 x, y 是参数, 点 (x, y) 在某个平面区域内变动, 而 $u(x, y), v(x, y)$ 和 $w(x, y)$ 是 (x, y) 的连续可微的函数. 这时映射

$$(x, y) \mapsto (u(x, y), v(x, y), w(x, y))$$

的像在 (u, v, w) 空间中便形成了一张曲面. 为了研究曲面的性质, 高斯认识到下面的量

$$ds^2 = du^2 + dv^2 + dw^2$$

的重要意义, 其中 ds 被称作弧微分. 利用曲面的参数, 可以算出:

$$ds^2 = E(x, y)dx^2 + 2F(x, y)dxdy + G(x, y)dy^2,$$

其中 E, F, G 可以由 $u(x, y), v(x, y)$ 和 $w(x, y)$ 的偏导数表示出来, 而且 $Edx^2 + 2Fdxdy + Gdy^2$ 总是一个正定二次式, 也即满足条件: $E > 0, EG - F^2 > 0$. 为了研究曲面的弯曲状况, 高斯引入了曲率的概念. 后来人们称之为高斯曲率或高斯总曲率. 它是曲面上一点处两个主曲率之积.

现在我们来解释主曲率的概念. 我们假定曲面是光滑的, 并且在其上任意给定的一点总有一个切平面. 在此点切平面的法线称为曲面在该点之法线. 过这一点处法线的任意一个平面, 都与曲面有一条交线, 人们称之为法截线, 见图 38. 一般说来, 不同法截线在给定点的弯曲程度是不同的. 但可以证明: 一定有两条互相正交的法截线, 它们在给定点处的

曲率分别达到最大与最小. 我们称它们为主法截线；而相应的曲率称为主曲率. 高斯曲率就定义为两个主曲率之乘积.

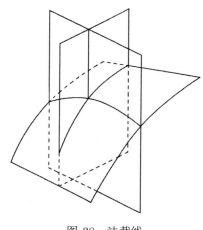

图 38 法截线

在三维空间中以 R 为半径的球面上，任意一点处的法截线都是该球面上的大圆. 因此，主曲率自然是 $\frac{1}{R}$，而高斯总曲率 $K = \frac{1}{R^2}$. 在三维空间中的柱面 $\{(x, y, z)|x^2 + y^2 = R^2\}$ 上，任意一点处主法截线有两条：一条为直线（即柱面的母线），另一条为与该直线正交的圆，其半径为 R. 因此，主曲率分别是 0 与 $\frac{1}{R}$，高斯总曲率 $K = 0$.

有时会发生这样的情况：两条主法截线的凸凹方向完全相反. 最典型例子是双曲抛物面（又称马鞍

面), 见图 39. 在坐标原点 O 处, z 轴是法向量, 其两个主法截线一个向上凸, 而另一个向下凸.

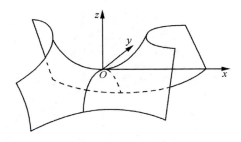

图 39 双曲抛物面

为了处理上述情况, 我们把主曲率以适当方式规定它们的符号. 当上述两个主法截线凸凹方向不一致时, 两个主曲率符号相反. 在这种情况下, 高斯总曲率 $K < 0$.

伪球面是另外一个负曲率曲面的典型例子, 在每一点处其两个主法截线的凹凸方向相反, 见图 40, 而且其高斯总曲率为常数.

高斯关于曲率 K 的最重要的结果是: 他经过复杂的计算证明了总曲率 K 可以完全由弧微分 ds 的表达式中的 E, F 和 G 表示. 这表明曲面的曲率完全由其内蕴度量决定. 这一重大发现为黎曼几何奠定了基础.

高斯关于曲面微分几何的研究, 使他对非欧几何有了新的见解. 在他看来, 每一张曲面本身就是一个空间, 而把曲面上测地线当作直线, 曲面上的内蕴几何就是一种非欧几何.他试图用曲面内蕴几何来解释非欧几何的合理性.

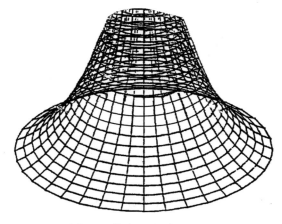

图 40 伪球面上的主法截线

黎曼知道高斯的看法,并对高斯的研究作了深刻的发展.黎曼认为既然曲面的曲率完全决定于内蕴度量,那么我们便可以忘掉曲面,而直接从一个正定的二次式

$$ds^2 = Edx^2 + 2Fdxdy + Gdy^2$$

出发,并把它作为计算两点间距离的基础.这里 E, F 和 G 是任意给定的函数且 $E > 0$,$EG - F^2 > 0$.这便是上一章中提到黎曼度量.

值得指出的是,黎曼的考虑并不仅限于 2 维平面或 3 维空间,而是一般的 n 维空间.在 n 维空间

中度量的一般形式是

$$ds^2 = \sum_{i=1}^{n}\sum_{j=1}^{n} g_{ij}\mathrm{d}x_i\mathrm{d}x_j,$$

其中 g_{ij} 是依赖于点 $(x_1,\cdots,x_n)$ 的函数，$g_{ij}=g_{ji}$，并使得上述表达式是 $\mathrm{d}x_i(i=1,\cdots,n)$ 的正定二次式.

黎曼计算了在这种度量下曲线的长度，两条曲线的交角，给出了两点之间最短线的方程式，并把高斯关于曲面曲率的研究推广到这种一般形式的度量上.

黎曼作这些研究除了要推广高斯的结果之外，还有另外一个目的. 他认为过去的几何研究中，总是附加了某些并非显然成立的事实. 黎曼的想法是，依靠分析的方法，从最一般的假设出发，看看能导致怎样的结果. 为了避免涉及空间的非先验的性质，他选择了度量——局部计算距离的规则，作为他的研究的基本出发点.

现在，我们看到了，欧氏几何、黎曼的非欧几何及罗巴切夫斯基几何的庞加莱模型都是黎曼几何的特例：

$\mathrm{d}s^2 = \mathrm{d}x^2 + \mathrm{d}y^2$ （欧氏几何），

$\mathrm{d}s^2 = \dfrac{\mathrm{d}x^2 + \mathrm{d}y^2}{\left[1+\dfrac{\alpha^2}{4}(x^2+y^2)\right]^2}$ （黎曼非欧几何），

$\mathrm{d}s^2 = \dfrac{4k^2R^2(\mathrm{d}x^2+\mathrm{d}y^2)}{[R^2-(x^2+y^2)]^2}$ （庞加莱模型）.

这三个度量的曲率分别为 $0, \alpha^2$ 及 $-1/k^2$. 显然，这三种度量可以写成一种统一形式

$$ds^2 = \frac{dx^2 + dy^2}{\left[1 + \dfrac{c}{4}(x^2 + y^2)\right]^2},$$

其中 c 为常数，是该度量的曲率，它可正可负，可以为零. 三种几何在黎曼几何中得到统一：欧氏几何对应于曲率为 0 的度量，黎曼非欧几何对应于正的常曲率度量，而罗巴切夫斯基几何对应于负的常曲率度量.

这样我们也就明白了，为什么罗巴切夫斯基几何能在伪球面上局部实现.

对于我们的现实空间应该是哪种几何的问题，黎曼认为现实世界的几何只可能是他所研究的一般黎曼几何的特殊情况. 至于它是怎样的黎曼几何，这个问题应当留给物理学家和天文学家在未来解决，因为这需要来自数学外部的依据.

五、结 束 语

非欧几何的故事,作为数学的故事,已经结束了.然而,似乎事情尚未真正完结,因为读者还存在这样的疑问:我们所赖以生存的宇宙到底是哪种几何?欧氏几何还是非欧几何?

然而,这个问题不是数学家能够回答的,它是一个物理问题.

关于这个问题,过去数学家之间也曾经有各种争议.在爱因斯坦广义相对论出现之后,这种争论才得到平息.

我们前面已经指出,高斯很早之前就怀疑欧几里得几何的真实性,怀疑其中第 5 公设成立的必然性,他为此还实际测量过三个山峰组成的三角形的内角和.黎曼不仅质疑第 5 公设的先验性,而且还质疑了空间的无穷性.他指出空间的无穷性与没有边界是两回事,并在这样的基础上建立了他自己的非欧几何.

但是,并不是所有数学家都持有相同的观点.有一部分数学家,其中也不乏著名数学家,认为欧几里得几何是描述大自然的唯一正确的几何.欧几里得的第 5 公设不仅符合人们的经验,而且也是宇宙规律的一部分.他们甚至认为非欧几何是没有物理价值的,它不过是一些数学家为了满足他们在逻辑上的好奇心而得到的一种工艺品.在他们看来,黎曼几何不过是在欧氏几何中引进了一种新距离函数而已,是欧氏几何框架下的一种几何.

由于非欧几何在 19 世纪下半叶,没有发现任何实际的物理应用,人们逐渐对它失去了热情与关注. 1905 年爱因斯坦发表了狭义相对论,十年之后,又发表广义相对论. 广义相对论的发现使人类的时空观发生了革命性的转变,并且使黎曼几何不仅在数学界,而且在物理学界,得到了空前的关注和更广泛的研究. 人们再一次看到了物理与数学的深刻联系,同时人们也认识到了高斯和黎曼的远见及思想之深刻.

解释广义相对论如何用到了黎曼几何,已超出了本书的范围和作者的能力. 这里我们只指出下列结论:按照广义相对论的看法,宇宙的时间与空间形成了一个具有特定黎曼度量的四维流形. 由于物质的存在及其分布的不均匀性,使得这个四维流形不是平坦的,而是"弯曲的";而引力的作用恰好是沿着该黎曼度量下的测地线方向进行. 爱因斯坦在这样的框架下,更新了经典力学中的引力场理论.

总之,根据广义相对论的观点,宇宙的时空不是一个四维的欧几里得空间,而是一个十分复杂的,有着各种弯曲的空间,而其弯曲程度取决于空间物质的质量分布. 但是,在一个很小的局部范围内,忽略某些因素之后,其曲率可视为常数,甚至为零. 这时它可以用非欧几何或欧氏几何来近似描述.

如果说爱因斯坦的广义相对论在人类的时空观上是一场重大革命,那么这场革命的数学发端应追溯到非欧几何的诞生,这便是非欧几何的历史意义.

参考文献

[1] 克莱因. 古今数学思想 (第一册). 上海: 上海科学技术出版社, 2002.
[2] 李文林. 数学史概论. 北京: 高等教育出版社, 2000.
[3] 亚历山大洛夫等. 数学——它的内容、方法和意义 (第一卷). 北京: 科学出版社, 1984.
[4] 项武义. 基础几何学. 北京: 人民教育出版社, 2004.
[5] L. Mlodinow. Euclid's Window——The story of geometry from parallel lines to hyperspace. New York: Simon & Schuster, 2001.
[6] 克莱因. 西方文化中的数学. 上海: 复旦大学出版社, 2004.

郑重声明

高等教育出版社依法对本书享有专有出版权。任何未经许可的复制、销售行为均违反《中华人民共和国著作权法》，其行为人将承担相应的民事责任和行政责任；构成犯罪的，将被依法追究刑事责任。为了维护市场秩序，保护读者的合法权益，避免读者误用盗版书造成不良后果，我社将配合行政执法部门和司法机关对违法犯罪的单位和个人进行严厉打击。社会各界人士如发现上述侵权行为，希望及时举报，我社将奖励举报有功人员。

反盗版举报电话　（010）58581999　58582371
反盗版举报邮箱　dd@hep.com.cn
通信地址　北京市西城区德外大街4号　高等教育出版社法律事务部
邮政编码　100120

读者意见反馈

为收集对教材的意见建议，进一步完善教材编写并做好服务工作，读者可将对本教材的意见建议通过如下渠道反馈至我社。

咨询电话　400-810-0598
反馈邮箱　hepsci@pub.hep.cn
通信地址　北京市朝阳区惠新东街4号富盛大厦1座
　　　　　高等教育出版社理科事业部
邮政编码　100029